中国电子学会物联网专家委员会推荐

普通高等教育物联网工程专业系列规划教材

物联网实例开发教程

主　编　赵建光　刘晓群　杜春梅

副主编　代长明　范晶晶　杨　阳

西安电子科技大学出版社

内 容 简 介

本书是编者在实际教学经验的基础上，依据主流物联网实训平台编写而成的。全书共七章，首先介绍了物联网实训的基础理论知识，其中包括物联网技术概述、nesC 编程语言、物联网操作系统——TinyOS、RFID 无线射频技术及无线射频芯片 CC2430，再在此基础上重点介绍了物联网教学平台和实例开发详解。实例开发详解中详细论述了 TinyOS 基础实验、TinyOS 通信实验、IAR 基础实验和 Z-stack 通信实验。

本书适合作为高等院校物联网工程专业及相关专业"物联网实习及实训"课程教材，也可作为相关工程技术人员的参考书。

图书在版编目(CIP)数据

物联网实例开发教程 / 赵建光，刘晓群，杜春梅主编. —西安：西安电子科技大学出版社，2020.6
ISBN 978-7-5606-5489-8

Ⅰ. ①物… Ⅱ. ①赵… ②刘… ③杜… Ⅲ. ①互联网络—应用—高等学校—教材 ②智能技术—应用—高等学校—教材 Ⅳ. ①TP393.4②TP18

中国版本图书馆 CIP 数据核字(2019)第 252491 号

策划编辑 刘玉芳
责任编辑 刘玉芳
出版发行 西安电子科技大学出版社(西安市太白南路 2 号)
电 话 (029)88242885 88201467 邮 编 710071
网 址 www.xduph.com 电子邮箱 xdupfxb001@163.com
经 销 新华书店
印刷单位 陕西天意印务有限责任公司
版 次 2020 年 6 月第 1 版 2020 年 6 月第 1 次印刷
开 本 787 毫米×1092 毫米 1/16 印 张 14.5
字 数 341 千字
印 数 1～3000 册
定 价 36.00 元
ISBN 978-7-5606-5489-8 / TP

XDUP 5791001-1

如有印装问题可调换

前　言

2010 年教育部开始设立物联网工程本科专业，至今开办该专业的本科院校超过 200 所。在物联网工程理论教学体系日趋成熟的今天，其实践教学环节还处于探索阶段，主要原因在于该专业涉及多学科应用技术的实践教学环节。物联网工程专业实践教学中存在的问题主要包括：缺乏成熟的实践教学体系；实践教学中重验证实验，轻创新设计；教师工程实践经验少；以物联网为基础的智慧型案例少；没有高水平的综合性实践教学平台。

由于物联网的研究内容比较宽泛而且涉及多学科的融合，是下一代互联网(互联网+)所需的学科专业，未来社会对此类高新技术行业人才的需求将非常大，同时本专业的技术也与学校的其他专业存在着密切的关系(智能家居、智能建筑、智慧城市等)。因此，更好地突出物联网工程专业的行业特色，满足市场需求和具有更宽的就业面，培养出国家急需的人才，具有重要的意义。

根据现有学科基础、课程设置以及培养方案，结合实验室的条件，校内外实习、实训的开展情况，以及校内外教师的教学科研情况，通过分析物联网工程专业国内外实践教学的现状与存在的问题，形成行之有效的"以学生为主体"的集实践主体、实践评价机制、实践理念、实践层次及实践过程为一体的实践教学体系，锻炼物联网工程专业学生实际工程实践能力，是提高人才培养质量的重中之重。

本书共七章，其中第一章是物联网技术概述，第二章是 nesC 编程语言，第三章是物联网操作系统——TinyOS，第四章是 RFID 无线射频技术，第五章是无线射频芯片 CC2430，第六章是物联网教学平台，第七章是实例开发详解。

物联网工程专业涉及计算机、通信、电子、控制、电气及自动化等多门学科，在多学科环境下开展实践教学将是专业研究的侧重点。目前，国内开设物联网工程专业的院校也正在开展专业实践教学建设方面的研究。

本书由河北建筑工程学院赵建光、刘晓群、杜春梅任主编，代长明、范晶晶、杨阳任副主编，参加编写工作的还有冯英伟、赵明瞻、莫展宏(衡水学院)、狄巨星、温秀梅、丁学均、陈素军，由赵建光完成全书的整理工作。

由于编者水平有限，书中不妥之处恳请广大读者多提宝贵意见！书中实例开发部分所需的开发环境安装程序、相关软件(包括 CP2101 驱动、串口助手、仿真器驱动、系统工具等)等光盘资料请与出版社联系。

编　者

2019 年 6 月

目　录

第一章　物联网技术概述

随着互联网技术的发展，物联网的概念也随之深入人们的日常生活。物联网(Internet of Things，IOT)是指，通过射频识别(RFID)、红外感应器、全球定位系统、激光扫描器等信息传感设备，按约定的协议，把任何物品与互联网连接起来进行信息交换和通信，以实现智能化识别、定位、跟踪、监控和管理的一种网络。

1.1　物联网发展历史

物联网实例最早可以追溯到 1990 年施乐公司的网络可乐贩售机(Networked Coke Machine)。

1999 年在美国召开的移动计算和网络国际会议上首先提出物联网，提出者是麻省理工学院 Auto-ID 中心的 Ashton 教授。他结合物品编码、RFID 和互联网技术的解决方案，基于当时的互联网、RFID 技术、EPC 标准，在计算机互联网的基础上，利用射频识别技术、无线数据通信技术等，构造了一个可实现全球物品信息实时共享的实物互联网 "Internet of Things"(简称物联网)。时至今日，全世界的信息发展已经从短距离控制到远距离扩展，进而发展到人与人、人与物、物与物之间的全新动态网络，如图 1-1 所示。

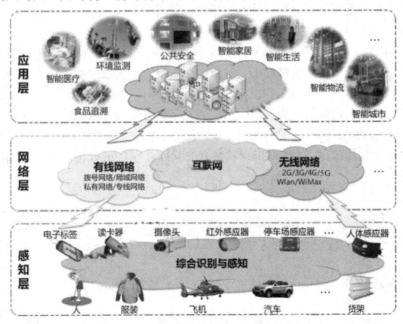

图 1-1　物联网示意图

我国在 1999 年提出了类似物联网的概念，当时不叫"物联网"而叫"传感网"。中国科学院在 1999 年启动了对传感网的研究和开发，并取得了一些科研成果，建立了一些适用的传感网。1999 年，在美国召开的移动计算和网络国际会议中提出："传感网是下一个世纪人类面临的又一个发展机遇。"

2003 年，美国《技术评论》提出传感网络技术将是未来改变人们生活的十大技术之首。

2005 年 11 月 17 日，在突尼斯举行的信息社会世界峰会(WSIS)上，国际电信联盟发布《ITU 互联网报告 2005：物联网》，正式提出了"物联网"的概念。报告指出，"物联网"通信时代即将来临，世界上所有的物体，从轮胎到牙刷、从房屋到纸巾均可通过互联网主动进行交换，射频识别技术、传感器技术、纳米技术、智能嵌入技术将得到更加广泛的应用。根据 ITU 的描述，在物联网时代，通过在各种各样的日常用品中嵌入一种短距离的移动收发器，人类在信息与通信世界里将获得一个新的沟通维度，从任何时间、任何地点的人与人之间的沟通连接扩展到人与物以及物与物之间的沟通连接。

2008 年以后，为了促进科技发展，寻找新的经济增长点，各国政府开始重视下一代的信息技术规划，并将目光放在了物联网上。在中国，2008 年 11 月在北京大学举行的第二届中国移动政务研讨会"知识社会与创新 2.0"上提出，移动技术和物联网技术的发展代表着新一代信息技术的形成，并带动了经济社会形态、创新形态的变革，推动了以用户体验为核心的下一代创新(创新 2.0)形态的形成，创新与发展更加关注用户、注重以人为本，而创新 2.0 形态的形成又进一步推动了新一代信息技术的健康发展。

2009 年 1 月 28 日，奥巴马就任美国总统后，与美国工商业杰出代表举行了"圆桌会议"，会议上 IBM 首席执行官彭明盛首次提出"智慧地球"这一概念，建议新政府投资新一代的智能型基础设施。

IBM 认为，IT 产业下一阶段的任务是把新一代 IT 技术充分运用在各行各业中，具体来说，就是把传感器嵌入到电网、铁路、桥梁、隧道、公路、建筑、供水系统、大坝、油气管道等各种系统中，并且被普遍连接，形成物联网。

2009 年 8 月温家宝总理在视察中科院无锡物联网产业研究所时，对于物联网应用也提出了一些看法和要求。自温总理提出"感知中国"以来，物联网被正式列为国家五大新兴战略性产业之一，写入"政府工作报告"，物联网在中国受到了全社会极大的关注。

业内专家表示，物联网把我们的生活拟人化了，万物成为人的同类。在这个物物相联的世界中，物品(商品)能够彼此"交流"，而无需人的干涉。物联网利用射频自动识别技术，通过互联网实现物品(商品)的自动识别和信息的互联共享。可以说，物联网描绘的是充满智慧的世界。

1.2　物联网关键技术

1.2.1　嵌入式技术

物联网的感知层需要使用大量嵌入传感器的感知设备，因此，嵌入式技术是使物联网具有感知能力的基础。嵌入式系统的概念在工程科学中沿用了很久，也称为嵌入式计算机系统，它是针对特定的应用剪裁计算机的软件和硬件，以适应应用系统对功能、可靠性、成本、体积、功耗的严格要求的专用计算机系统。

从计算机技术发展的角度分析，嵌入式系统有以下几个主要特点。

(1) 微型机应用和微处理器芯片技术的发展为嵌入式系统的研究奠定了基础。

早期的计算机体积大、耗电多，只能安装在计算机机房中使用。微型机的出现使得计算机进入了个人计算与便携式计算阶段，而微型机的小型化得益于微处理器芯片技术的发展。微型机应用技术的发展、微处理器芯片可定制、软件技术的发展都为嵌入式系统的诞生创造了条件和奠定了基础。

(2) 嵌入式系统的发展适应了智能控制的需求。

计算机系统可以分为两大并行发展的分支：通用计算机系统与嵌入式计算机系统。通用计算机系统的发展适应了大数据量、复杂计算的需求。而生活中大量的电器设备，如手持设备、电视机顶盒、手机、数字电视、数字照相机、汽车控制器、工业控制器、机器人、医疗设备中的智能控制，都对作为其内部组成部分的计算机的功能、体积、耗电有特殊的要求，这种特殊的设计要求是推动定制的小型、嵌入式计算机系统发展的动力。

(3) 嵌入式系统的发展促进了适应特殊要求的微处理器芯片、操作系统、软件编程语言与体系结构研究的发展。

由于嵌入式系统要适应手持设备、手机、汽车控制器、工业控制器、物联网终端系统与医疗设备中不同的智能控制功能、性能、可靠性与体积等方面的要求，而传统的通用计算机的体系结构、操作系统、编程语言都不能适应嵌入式系统的要求，因此，研究人员必须为嵌入式系统研究满足特殊要求的微处理器芯片、嵌入式操作系统与嵌入式软件编程语言。

(4) 嵌入式系统的研究体现出多学科交叉融合的特点。

由于嵌入式系统是 PDA(Personal Digital Assistant，个人数字助理)、手机、汽车控制器、工业控制器、机器人或医疗设备中有特殊要求的定制计算机系统，如果要求完成一项用于机器人控制的嵌入式计算机系统的开发任务，那么只有通用计算机的设计与编程能力是不能够胜任的，研究开发团队必须有计算机、机器人、电子学等多方面的技术人员参加。在实际工作中，从事嵌入式系统开发的技术人员主要有两类：一类是电子工程、通信工程专业的技术人员，他们主要完成硬件设计，开发与底层硬件关系密切的软件；另一类是从事计算机与软件专业的技术人员，主要从事嵌入式操作系统和应用软件的开发。与此同时，具备硬件设计能力、底层硬件驱动程序、嵌入式操作系统与应用程序开发能力的复合型人才成为社会培养的目标。

1.2.2 传感器技术

传感器是信息采集系统的首要部件，也是计算机的"五官"，是现代测量与自动控制(包括遥感、遥测、遥控)的主要环节。传感器技术既是现代信息产业的源头，又是信息社会赖以存在和发展的物质与技术基础。现在，传感器技术已与通信技术、计算机技术并列成为支撑整个现代信息产业的三大支柱，并成为现代测量技术与自动化技术的重要基础。可以设想，如果没有高保真和性能可靠的传感器，没有先进的传感器技术，那么信息的准确获得与精密检测就成为一句空话，通信技术和计算机技术也将成为无源之水、无本之木，现代测量与自动化技术也会随之变成水中月、镜中花。

关于传感器的定义，至今尚无一个比较全面的定论。其主要特征是能感知和检测某一形态的信息，并将其转换成另一形态的信息。因此，传感器是指那些对被测对象某一确定的信息具有感受与检出功能，并使之按照一定规律转换成与之对应的，并可用于输出信号的元器件或装置。传感器通常由敏感元件与转换元件组成。敏感元件是指传感器中能直接感受与检出被测对象的待测信息的部分；转换元件是指传感器中能将敏感元件所感受与检出的待测信息转换成适宜传输和测量的电信号的部分。当输出的信号为规定的标准信号时，称之为变送器。

传感器的品种极多，原理各异，检测对象门类繁多，因此，其分类方法也很多，至今尚无统一规定。人们通常站在不同的角度进行突出某一侧面的分类，归纳起来，大致有如下几种分类。

1. 按照工作机理分类

按照工作机理的不同，传感器可分为结构型、物性型和复合型三大类，如图 1-2 所示。

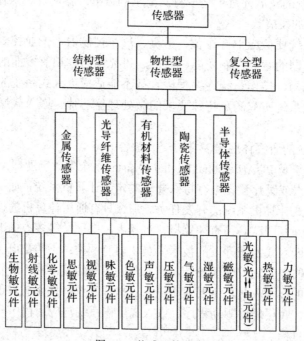

图 1-2　传感器的分类

2. 按照敏感材料分类

按照敏感材料的不同分类，传感器可分为半导体传感器、陶瓷传感器、光导纤维传感器、金属传感器、有机材料传感器等。

3. 按照功能分类

按照敏感元件功能的不同，传感器可分为力敏、热敏、光敏、磁敏、湿敏、气敏、压敏、声敏、色敏、味敏、视敏、思敏、化学敏、射线敏、生物敏传感器等。

4. 按照物理原理分类

按照传感器所利用的物理原理不同，可分为电感式、电容式、压电式、压阻式、霍尔式、应变式、涡流式等传感器。采用这种分类法，有利于传感器专业工作者从原理与设计上作归纳性的分析和研究。

5. 按照对能量所起的作用分类

按照传感器对能量所起的作用不同，可分为能量变换型传感器和能量控制型传感器，也称为有源传感器和无源传感器。前者是一种能量变换器，它可将非电量转换为电量；后者本身并不是一个换能器，被测非电量仅对传感器中的能量起到控制或调节作用，所以它必须具有辅助能量。

现阶段，从宇宙探索、海洋开发，到国防建设、工农业生产，从环境保护、灾情预报，到包括生命科学在内的每一项现代科学研究，从生产过程的检测与控制，到人民群众的日常生活等，几乎都离不开传感器和传感器技术。事实表明，传感器和传感器技术已经渗入新技术革命的所有领域，涉及国民经济的每个部分，进入了大众生活的各个方面。可见，应用、研究和发展传感器与传感器技术是信息化时代的必然要求。

1.2.3　RFID 技术

RFID(Radio Frequency Identification，射频识别)也称为感应式电子芯片或近接卡、感应卡、非接触卡、电子标签、电子条码等。它通过射频信号自动识别目标对象并获取相关数据，识别工作无须人工干预，可工作于各种恶劣环境。

RFID 标签有两种：有源标签和无源标签。最基本的 RFID 系统由标签、阅读器和天线三部分组成。

标签(Tag)：由耦合组件及芯片组成，每个标签具有唯一的电子编码，附着在物体上用于标识目标对象。

阅读器(Reader)：读取(有时还可以写入)标签信息的设备，可设计为手持式或固定式。

天线(Antenna)：在标签和阅读器间传递射频信号。

根据商家种类的不同标签能存储从 512 B 到 4 MB 不等的数据。标签中存储的数据是由系统的应用和相应的标准决定的。例如，标签能够提供产品生产、运输和存储情况，也可以辨别机器、动物和个体的身份，这些类似于条形码中存储的信息。标签还可以连接到数据库，以存储产品的库存编号、当前位置、状态、售价、批号等信息。相应地，射频标签在读取数据时不用参照数据库就可以直接确定代码的含义。

RFID 的应用非常广泛，典型的应用有动物芯片、汽车防盗器、门禁管制、停车场管制、生产线自动化、物料管理等。其主要应用包括以下几个方面：

(1) 物流，如物流过程中的货物追踪、信息自动采集、仓储应用，港口应用，邮政应用等。

(2) 零售，如商品销售数据的实时统计，补货，防盗等。

(3) 制造业，如生产数据的实时监控、质量追踪及自动化生产。

(4) 服装业，可用于自动化生产、仓储管理、品牌管理、单品管理、渠道管理。

(5) 医疗，如医疗器械管理、病人身份识别、婴儿防盗等。

(6) 身份识别，如电子护照、身份证、学生证等各种电子证件。

(7) 防伪，可用于贵重物品(烟、酒、药品)的防伪、票证的防伪等。

(8) 资产管理，可用于各类资产(贵重的或数量大、相似性高的或危险品等)。

(9) 交通，如高速收费、出租车管理、公交车枢纽管理、铁路机车识别等。

(10) 食品，如水果、蔬菜、生鲜、食品等的保鲜度管理。

RFID 技术的具体实现原理及工作机理将在本书的第五章详细讲述。

1.2.4　计算机技术

计算机技术是物联网的计算工具，进入 21 世纪，计算机技术正在向着高性能、广泛应用和智能化方向发展。

1. 性能的提高

提高计算机的性能有两条途径：一是提高器件的速度，二是采用多 CPU 结构。我们过去使用的个人计算机 286、386 的 CPU 芯片工作频率只有十几兆赫。20 世纪 90 年代初，集成电路的集成度已达到 100 万门以上，开始进入超大规模集成电路时期，随着精简指令集计算技术的成熟与普及，CPU 性能年增长率由 20 世纪 80 年代的 35%发展到 90 年代的 60%。"奔腾"系列微处理器的主频已经达到吉赫量级。

提高计算机性能可从三个方面入手：一是增加 CPU 个数让一台计算机不止使用一个 CPU，而是使用几百或者几千个 CPU；二是将成百上千台计算机通过网络互联起来，组成计算机集群；三是研究运算速度更快的量子计算机、生物计算机与光计算机。

2. 应用广度的扩展

计算机技术发展的另一个方向是应用广度的扩展。近年来，随着互联网的广泛应用，计算机已经渗透到各个行业和社会生活的各个方面。网格计算、普适计算和云计算正是为了适应计算机应用的扩展而出现的新技术。

3. 智能化程度的提升

计算机技术发展的第三个方向是朝着应用的深度与信息处理智能化方向发展。互联网的信息浩如烟海，如何在海量信息中自动搜索出我们需要的信息，这是网络环境下智能搜索技术研究的热点课题。未来的计算机应该是朝着能够看懂人的手势、听懂人类语言的方向发展，计算机智能化是计算机科学研究的一个重要方向。

高性能计算、普适计算、人工智能和云计算已经成为计算机技术研究的重要热点问题，成为支撑物联网的重要计算工具。同时，科学家预测，现有的芯片制造方法在未来的 10 多年内将达到极限，为此，世界各国研究人员正在加紧研究量子计算机、生物计算机和光计算机。

经过几十年的不懈努力，我国计算机技术已取得很大的发展，"银河""天河""曙光"等高性能计算机技术的发展，使我国成为继美国、日本、欧盟之后具备研制千亿次以上运算能力计算机的国家。

1983 年 12 月 22 日，中国第一台每秒运算 1 亿次以上的"银河"巨型计算机由国防科技大学研制成功。它填补了国内巨型计算机的空白，标志着中国进入了世界研制巨型计算机的行列。

2009 年国防科技大学研制成功了我国首台千万亿次超级计算系统"天河一号",运算速度可以达到 1206 千万亿次每秒。"天河一号"作为我国"863"计划重大项目,"千万亿次高效能计算机系统研制"课题成果,被安装在天津滨海新区国家超级计算机天津中心,作为该中心的业务主机和中国国家网格计算主节点。"天河一号"配置了 6144 个通用处理器,5120 个加速处理器,内存总容量为 98 TB,点对点通信带宽为 40 Gb/s,共享磁盘总容量为 1 PB。就计算量而言,"天河一号"计算机一天的计算量相当于一台配置 Intel 双核 CPU、主频为 2.5 GHz 的微机 160 年的计算量;就共享存储的总容量而言,"天河一号"计算机一天的计算量相当于 4 个藏书量为 2700 万册的国家图书馆。图 1-3 所示为"天河一号"超级计算机。

图 1-3 "天河一号"超级计算机

"天河一号"具有极为广泛的应用前景,主要的应用领域包括:石油勘探数据处理、生物医药研究、航空航天装备研制、资源勘测和卫星遥感数据处理、金融工程数据分析、气象预报和气候预测、海洋环境数值模拟、地震预报、新材料开发和设计、建筑工程设计、基础理论研究等。

随着计算机技术的发展,普适计算技术得到深入的研究及应用。1991 年,美国 Xerox PAPC 实验室正式提出了普适计算的概念。1999 年,欧洲研究团体 ISTAG 提出了环境智能的概念。环境智能与普适计算的概念类似,研究的方向也比较一致。

普适计算的重要特征是"无处不在"和"不可见"。"无处不在"是指随时随地访问信息的能力;"不可见"是指在物理环境中提供多个传感器、嵌入式设备、移动设备和其他任何一种有计算能力的设备,可以在用户不觉察的情况下进行计算、通信,提供各种服务,以最大限度地减少用户的介入。

普适计算体现出信息空间与物理空间的融合。普适计算是一种建立在分布式计算、通信网络、移动计算、嵌入式系统、传感器等技术基础上的新型计算模式,它反映出人类对于信息服务需求的提高,具有随时随地享受计算资源、信息资源与信息服务的能力,以实现人类生活的物理空间与计算机提供的信息空间的融合。

普适计算的核心是"以人为本",而不是以计算机为本。普适计算强调把计算机嵌入环境与日常工具中,让计算机本身从人们的视线中"消失",从而将人们的注意力拉回到要完成的任务本身。人类活动是普适计算空间中实现信息空间与物理空间融合的纽带,而实现普适计算的关键是"智能化"。

普适计算的重点在于提供面向用户的、统一的、自适应的网络服务。普适计算的网络环境包括互联网、移动网络、电话网、电视网和各种无线网络；普适计算设备包括计算机、手机、传感器、汽车、家电等能够联网的设备；普适计算服务内容包括计算、管理、控制、信息浏览等。

目前，已经有很多学者开展了对普适计算的研究工作，研究的方向主要集中在以下几个方面。

(1) 理论模型。普适计算理论模型的研究目前主要集中在两个方面：层次结构模型和智能影子模型。层次结构模型主要参考计算机网络的开放系统互联参考模型，分为环境层、物理层、资源层、抽象层与意图层等 5 层。也有的学者将模型的层次分为基件层、集成层与普适世界层等 3 层。智能影子模型是借鉴物理场的概念，将普适计算环境中的每一个人都作为一个独立的场源，建立对应的体验场，对人与环境状态的变化进行描述。

(2) 自然人机交互。自然人机交互的研究主要集中在笔式交互、基于语音的交互、基于视觉的交互。研究涉及用户存在位置的判断、用户身份的识别、用户视线的跟踪，以及用户姿态、行为、表情的识别等问题。关于人机交互自然性与和谐性的研究也正在逐步深入。

(3) 无缝的应用迁移。无缝的应用迁移的研究主要集中在服务自主发现、资源动态绑定、运行现场重构等方面。资源动态绑定包括资源直接移动、资源复制移动、资源远程引用、资源重新绑定等几种情况。

(4) 上下文感知。上下文感知的研究主要集中在上下文获取、上下文建模、上下文存储和管理、上下文推理等方面。在这些问题中，上下文正确地获取是基础。传感器具有分布性、异构性、多态性，这使得如何采用一种方式去获取多种传感器数据变得比较困难。目前，RFID 已经成为上下文感知中最重要的手段，智能手机作为普适计算的一种重要的终端，发挥着越来越重要的作用。

Mark Weiser 认为，普适计算的思想就是使计算机技术从用户的意识中彻底"消失"。在物理世界中，结合计算处理能力与控制能力，将人与人、人与机器、机器与机器的交互最终统一为人与自然的交互，达到"环境智能化"的境界。因此，可以看出：普适计算与物联网从设计目标到工作模式都有很多相似之处，因此，普适计算的研究领域、研究课题、研究方法与研究成果对于物联网技术的研究有着重要的借鉴作用。

1.2.5　其他相关技术

与物联网相关的技术包含了现代信息技术的方方面面，在通信技术及无线通信网络领域包括移动通信技术、Wi-Fi 技术、近距离无线通信技术(NFC)、蓝牙技术，以及 Zigbee 技术等。下面对物联网中的 Zigbee 技术进行简单介绍。

Zigbee 又称为"紫蜂"，是一种近距离、低功耗的无线通信技术。这个名称来源于蜜蜂的八字舞，其特点是近距离、低复杂度、低功耗、低数据速率、低成本，主要适用于自动控制和远程控制领域，可以嵌入各种设备。

Zigbee 是一种采用成熟无线通信技术的、全球统一标准的、开放的无线传感器网络。

它以 IEEE 802.15.4 协议为基础，全球通用的频段是 2.400～2.484 GHz，欧洲采用的频段是 868.00～868.66 MHz，美国采用的频段是 902～928 MHz，传输速率分别为 250 kb/s、20 kb/s、40 kb/s，通信距离的理论值为 10～75 m。

Zigbee 体系结构中的物理层、介质访问层和数据链路层基于 IEEE 802.15.4 无线个人局域网标准协议；Zigbee 在 IEEE 802.15.4 标准基础之上，建立网络层和应用支持层，包括海量数量节点的处理，最大节点数可以达到 6.5 万个。

1.3 物联网体系架构

目前物理世界的连接网络有很多种，包括物联网、泛联网、无线传感网(Wireless Sensor Network，WSN)等，其核心技术都是无线传感网。

物联网的基本架构包括感知、网络层和应用层。相应地，物联网技术体系架构分为感知层、网络层和应用层。

感知层：通过传感器、射频识别码和多媒体采集技术等方式获取物理世界的各种信息，是物联网的第一步，也是物联网的数据基础。只有通过数据分析和挖掘，应用层才能将物联网技术与行业专业系统相结合，并通过网络层的全覆盖而百花齐放。

网络层：主要实现信息的传输，采用无线网络与传感器技术、互联网技术。

应用层：主要实现各种具体的应用，完成所需功能。

其中，感知层是基础；网络层是平台，是一种支撑。应用层是关键，各种应用技术改变着人们的生活和未来。

我们将物联网的体系架构分为内在和外在两种结构形式，如图 1-4 和图 1-5 所示。

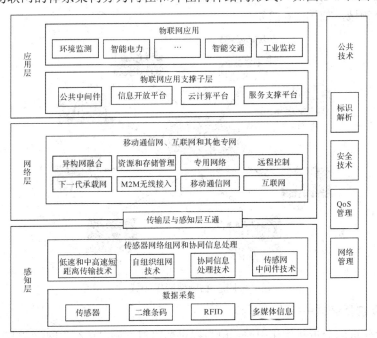

图 1-4 物联网的内在体系架构

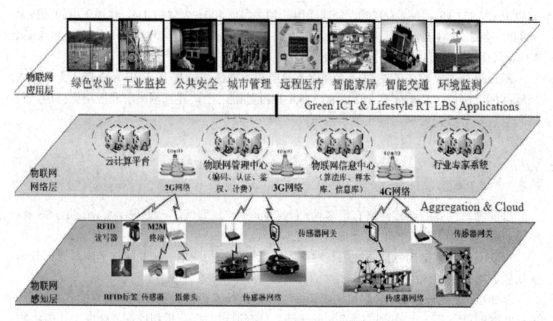

图 1-5　物联网的外在体系架构

1.4　物联网的应用

　　物联网用途广泛，遍及智能交通、环境保护、政府工作、公共安全、平安家居、智能消防、工业监测、老人护理、个人健康、花卉栽培、水系监测、食品溯源、敌情侦查和情报搜集等多个领域，如图 1-6 所示。

图 1-6　物联网应用领域

1. 物联网应用领域——电力电网

　　通过安装先进的分析和优化引擎，电力提供商可以突破"传统"网络的瓶颈，而直接转向能够主动管理电力故障的"智能"电网(见图 1-7)。对电力故障的管理计划不仅考虑到了电网中复杂的拓扑结构和资源限制，还能够识别同类型的发电设备，这样，电力提供商就可以有效地安排停电检测维修任务的优先顺序。如此一来，停电时间和频率可减少约 30%，停电导致的收入损失也相应减少，而电网的可靠性以及客户的满意度都会得到提升。

图 1-7 智能电网

国家电网公司正在全面建设坚强的智能电网，即建设以特高压电网为骨干网架、各级电网协调发展的稳定电网，并实现电网的信息化、数字化、自动化、互动化，在安全、可靠和优质供电的基础上，进一步实现清洁、高效、互动的目标。

2. 物联网应用领域——医疗系统

整合的医疗保健平台根据需要通过医院的各系统收集并存储患者信息，并将相关信息添加到患者的电子医疗档案，所有授权和整合的医院都可以访问。这样资源和患者能够有效地在各个医院之间流动，通过各医院之间适当的管理系统、政策、转诊系统等，这个平台可满足一个有效的多层次医疗网络对信息分享的需要，如图 1-8 所示。

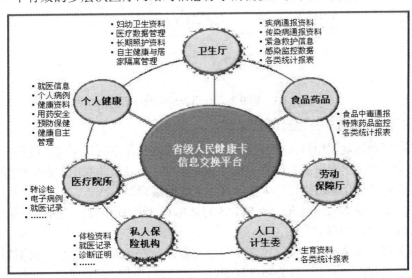

图 1-8 整合的医疗保健平台

3. 物联网应用领域——感知城市

实时城市管理设立一个城市监控中心，将城市划分为多个网格，这样系统能够快速收集每个网格中所有类型的信息，城市监控中心依据事件的紧急程度上报或指派相关职能部门(如火警、警察局、医院)采取适当的行动，政府就可实时监督并及时响应突发事件。

整合的公共服务系统将不同职能部门(如民政、社保、警察局、税务等)中原本孤立的数据和流程整合到一个集成平台，并创建一个统一流程来集中管理系统和数据，为居民提供更加便利和高效的一站式服务。

4. 物联网应用领域——交通管理

实时交通信息：智慧的道路是减少交通拥堵的关键，而获取数据是重要的第一步。通过随处都安置的传感器监控和控制交通流量，人们则可以获取实时的交通信息，并据此调整路线，从而避免拥堵。未来，我们将能建成自动化的高速公路，实现车辆与网络相连，从而指引车辆更改路线或优化行程。

道路收费：通过 RFID、激光、照相机和系统技术等先进的自由车流路边系统来无缝地检测、标识车辆并收取费用，如图 1-9 所示。

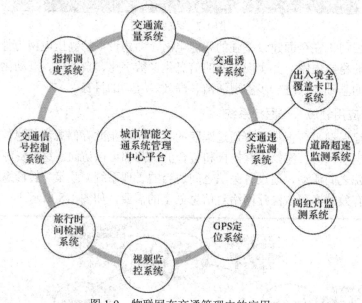

图 1-9　物联网在交通管理中的应用

5. 物联网应用领域——物流供应链

智慧的供应链通过使用强大的分析和模拟引擎来优化从原材料至成品的供应链网络，这可以帮助企业确定生产设备的位置，优化采购地点，亦能帮助制定库存分配战略。使用后，公司可以通过优化的网络设计来实现真正无缝的端到端供应链，提高控制力，同时还能减少资产、降低成本(交通运输、存储和库存成本)、减少碳排放，改善客户服务(缩短备货时间、按时交付、加速上市)。

供应链的每个成员都应当能够追溯产品生产者以及产品成分、包装、来源等特征，也应当能够向前追踪产品成分、包装和产品的每一项活动，如图 1-10 所示。要设计一个具有对整个价值链可追溯性的供应链，公司必须创建流程和基础架构来收集、集成、分析和传递关于产品来源和特征的可靠信息，这应当贯穿于供应链的各个阶段(从农场到餐桌)。它将不同的技术解决方案整合起来，使物理供应链(商品的运动轨迹)和信息供应链(数据的收集、存储、组织、分析和访问控制)能够相互集成。有了这样的供应链可视性，公司就能保护和推广品牌，主动地吸引其他股东并降低安全事故的影响。

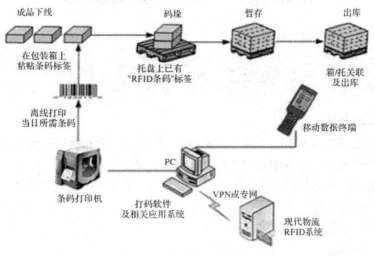

图 1-10 智能物流供应链

物联网的推广将会成为推进经济发展的又一个驱动器，为产业开拓了又一个潜力无穷的发展机会。

第二章 nesC 编程语言

2.1 nesC 概述

1. nesC 的由来

nesC 是对 C 语言的扩展，是基于 TinyOS 的结构化概念和执行模型而设计的，它把组件化/模块化思想和基于事件驱动的执行模型结合起来。TinyOS 是一种面向传感器网络的新型操作系统，最初是用汇编语言和 C 语言编写的，但在应用过程中发现，C 语言不能有效方便地支持面向传感器网络的应用和操作系统的开发，相关工作人员为此对 C 语言进行了一定的扩展，开发出了 nesC 语言。

2. nesC 的特点

nesC 使用 C 语言作为其基础语言，它支持所有的 C 语言词法和语法，其独有的特色如下：

(1) 增加了组件(component)和接口(interface)的关键字定义。

(2) 定义了接口及如何使用接口表达组件之间关系的方法。目前只支持组件的静态连接，不能实现动态连接和配置。

(3) nesC 应用程序都是由组件组成的，这些组件之间的连接是通过定义良好的、具有双向性质的接口完成的。

(4) 结构和内容的分离：程序由组件构成，它们装配在一起("配线/连接")构成完整的程序。

(5) 根据接口的设置说明组件功能。接口可以由组件提供或使用，被提供的接口表现为使用者提供的功能，被使用的接口表现为使用者完成它的作业所需要的功能。

(6) 接口有双向性：它们描述一组接口供给者 (指令)提供的函数和一组被接口的使用者(事件)实现的函数。组件通过接口彼此静态地相连，这增加了运行时效率，而且允许更好的程序静态分析。

(7) nesC 基于由编译器生成完整程序代码的需求设计，这考虑到较好的代码重用和分析。这方面的一个例子是 nesC 的编译-时间数据竞争监视器。nesC 的协作模型一旦开始直至完成作业，中断源可以彼此打断作业。nesC 编译器标记由中断源引起的潜在的数据竞争。

3. nesC 语言规范

(1) nesC 应用程序由一个或多个组件连接而成。

(2) 一个组件可以提供或使用接口：组件中的 command 接口由组件本身实现；组件中的 event 接口由调用者实现；接口是双向的，调用 command 接口必须实现其 event 接口。

2.2　nesC 语法

nesC 编程中涉及接口(interface)、组件(configuration、components)、模块(module)、命令(command)、事件(event)、任务(task)等基本概念，下面一一进行解释。

2.2.1　接口

1. 接口的定义

一个组件可以提供(provides)接口，也可以使用(uses)接口。提供的接口描述了该组件提供给上一层调用者的功能，而使用的接口则表示该组件本身工作时需要的功能。

接口是一组相关函数的集合，它是双向的，并且是组件间的唯一访问点。接口声明了两种函数：

(1) 命令：接口的提供者必须实现它们。

(2) 事件：接口的使用者必须实现它们。

2. 接口的特点

接口的特点如下：

(1) 接口是双向的：提供或使用。

(2) 接口指定了一组命令，其职能由接口的提供者实现。还指定了一组事件，其职能由该接口的使用者实现。也就是说，提供了接口的组件必须实现该接口的命令函数；而使用了某接口的组件必须实现该接口的事件函数。

(3) 如果一个组件调用了(call)一个接口命令，必须实现该接口的事件。一个组件可以使用或提供多个接口，或者同一接口的多个实例。

3. 如何定义接口

接口定义规则如下：

(1) 接口放在一个单独的文件中(*.nc)。

(2) 接口的名称应与文件名对应。例如：interface1 的接口必须对应于文件名 interface1.nc。

(3) 接口定义描述了一系列函数原型(command 和 event)。定义如下：

nesC-file:

　　includes-listopt interface

　　...

Interface:

　　Interface identifier{ declaration-list}

　　Storage-class-specifier:　　also one of Command event async

　　SendMsg.nc:

　　　　interface SendMsg

　　　　{

　　　　　　command result_t　　***send***(uint16_t address, uint8_t length, message_t *msg);

        event result_t ***sendDone***(message_t * msg, result_t success);

    }

  在接口标识符后面的声明列表(declaration-list)中给出了相应接口的定义。声明列表必须由具有命令(command)或事件(event)的存储类型(storage class)的函数定义构成，否则会产生一个编译时错误，可选的 async 关键字表明此命令或事件可以在中断处理程序(interrupt handler)中执行。下面给出一个简单接口定义的例子：

    interface SendMsg

    {

        command result_t send(uint16_t address, uint8_t length, TOS_MsgPtr msg);

        event result_t sendDone(TOS_MsgPtr msg, result_t success);

    }

  从上面的定义可知：接口 SendMsg 包括一个命令 send 和一个事件 sendDone。提供接口 SendMsg 的组件需要实现 send 命令函数,而使用此接口的组件需要实现 sendDone 事件函数。

2.2.2　组件

  符合 nesC 规范的组件包括模块(module)和配件(configuration)，其语法定义如下：

    nesC-file:

        includes-listopt module

        includes-listopt configuration

        …

        module:

            module identifier specification module-implementation

        configuration:

            configuration identifier specification configuration-implementation

  组件名由标识符(identifier)定义，此标识符是全局性的，且属于组件和接口的类型名字空间。一个组件可以有两种范围：内嵌在 C 全局范围中的规范(specification)范围；内嵌在规范范围内的实现范围。一个组件可以通过 includes-list 有选择性地包含 C 文件。

  规范列出了组件提供的或使用的规范元素，比如接口实例、命令或事件。一个组件必须实现它所提供的命令或使用的事件。一般情况下，命令的逻辑执行方向向下，即指向下层硬件组件；而事件的逻辑执行方向向上，即指向上层应用组件。组件间的交互只能通过组件的规范元素来沟通。每个规范元素都有一个名、字(接口实例名、命令名和事件名等)，这些名字属于每个组件特有的规范范围的可变名字空间。

  规范的语法定义如下：

    specification:

        { uses-provides-list }

    uses-provides-list:

        uses-provides

        uses-provides-list uses-provides

uses-provides:

　　ues specification-element-list

　　povides specification-element-list

specification-element-lista:

　　specification-element

　　{ specification-elements}

specification-elements:

　　specification-element

　　specification-elements specification-element

　　一个组件规范中可以包含多个 uses 和 provides 命令，多个被使用(used)或被提供(provided)的规范元素可以通过使用"{"和"}"符号在一个 uses 或 provides 命令中指定。例如，下面两种定义是等价的：

```
module A1{                    module A1{
    uses interface X;            uses{
    uses interface Y;               interface X;
}…                                  interface Y;
                                 }
                              }…
```

也可以这样定义一个接口实例：

specification-element:

　　interface renamed-identifier parametersopt

　　…

renamed-identifier:

　　identifier

　　identifier as identifier

interface-parameters:

　　[parameter-type-list]

　　完整的接口定义句法是 interface X as Y，这里可以明确定义接口名字为 Y。interface X 是 interface X as X 的简写形式。如果接口参数(interface -parameters)被省略，则 interface X as Y 定义了对应此组件单一接口的一个简单接口实例。如果有接口参数，例如，interface SendMsg S[uint8_t id]，这是一个参数化的接口实例定义，对应此组件的多个接口中的一个(八位整数可以表示 256 个值，所以 interface SendMsg S[uint8_t id]可定义 256 个 SendMsg 类型的接口)。注意，参数化接口的参数类型必须是整型。

　　直接包含带有 command 或 event 存储类型的标准 C 函数可以被定义为命令或事件，具体语法定义如下：

specification-element:

　　declaration

　　…

storage-class-specifier: also one of

```
command event async
```

如果 declaration 不是一个有 command 或 event 存储类型的函数定义，则会产生一个编译时错误。正如接口定义中说明的那样，async 表明这个命令或事件可以在中断处理中执行。如果没有定义接口参数，则命令或事件只是简单的命令或事件；如果定义了接口参数，则表示参数化的命令或参数化的事件。在这种情况下，接口参数放在函数的普通参数列表前面，例如：

```
command void send[uint8 t id](int    x):
    direct-declarator:also
        direct-declarator interface-parameters(parameter-type-list)
        …
```

注意，只有组件定义中的命令或事件而非接口类型定义中的命令或事件才允许有接口参数。下面是一个实际定义的例子：

```
configuration GenericComm{
    provides{
        interface StdControl as Control;
        interface SendVarLenPacket;
        //The interface are parameterized by the active message id
        interface SendMsg[uint8_t id];
        interface RceieMsg[uint8_t id];
    }
    uses{
        //signaled after every send completion for components which wish to retry failed
        sends
            event result_t sendDonc();
    }
}…
```

在这个例子中，GenericComm：

(1) 提供了 StdControl 类型的简单接口实例 Control；

(2) 提供了 SendVarLenPacket 类型的简单接口实例 SendVarlenPacket；

(3) 提供了 SendMsg 和 ReceiveMsg 类型的参数化接口实例，它们分别是 SendMsg 和 ReceiveMsg；

(4) 使用了 SendEvent 事件。

将组件 K 定义中提供的命令(或事件)F 称为 K 提供的命令(或事件)F；将组件 K 定义中使用的命令(成事件)F 称为 K 使用的命令(或事件)F。K 提供的命令 X.F 是指组件 K 提供的接口实例 X 中的命令 F；K 使用的命令 X.F 是指组件 K 使用的接口实例 X 中的命令 F；K 提供的事件 X. F 是指组件 K 提供的接口实例 X 中的事件 F；而 K 使用的事件 X.F 是指组件 K 使用的接口实例 X 中的事件 F。

需要注意的是，由于接口的双向特性引起事件的被提供和被使用的反向关系，当不涉及被使用/被提供的区别时，一般简单地称 "K 的命令 a 或事件 a"。K 的命令 a 或事件 a 可能是参数化的，也可能是简单形式的，这取决于它对应的规范元素中的参数化或简单状态。

　　组件的两大组成部分是模块和配件，且基于 nesC 编写的应用程序也主要包括模块文件和配件文件等。为此，下面将对模块和配件的定义、组成等进行详细分析。图 2-1 和图 2-2 给出了各种术语在配件和模块中的具体指代内容。

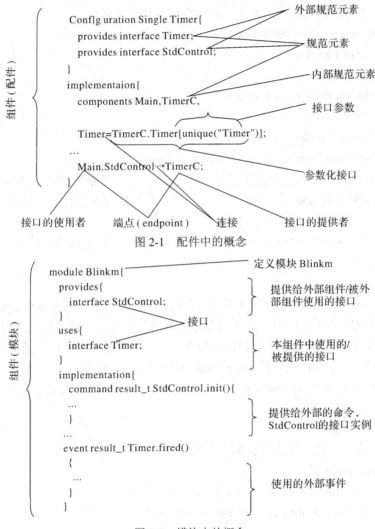

图 2-1　配件中的概念

图 2-2　模块中的概念

2.2.3　模块

　　模块(modules)是用 C 语言实现的组件规范，它实际上是组件的逻辑功能实体，主要包括命令、事件、任务等的具体实现。模块的定义如下：

module:

　　module identifier specification module-implementation

module-implementation:

　　implementation{ 　translation-unit }

这里 translation-unit 是一系列 C 语言的声明和定义。模块中 translation-unit 的顶层声明属于模块的组件实现范围，这些声明可以是任意标准 C 语言的声明，定义、任务的声明，定义、命令或事件的实现。

translation-unit 必须实现模块提供接口声明的全部命令和模块使用接口声明的所有事件。下面的 C 语句正则表达式定义了这些命令和事件的实现：

```
storage-class-specifier: also one of
    Command event async
declaration-specifiers:also
    Default declaration-specifiers
direct-declarator:also
    Identifier.identifier
direct-declarator interface-parameters(parameter-type-list)
```

简单命令或事件的实现要满足具有 command 或 event 存储类型的 C 函数标准语法。如果 async 关键字包含在命令或事件的声明中，则在它的实现中也必须被包含。例如，下面是一个 Send 接口的 send 命令的实现例子：

```
command result_t Send.send(uint16_t address, uint8_t length, TOS_MsgPtr msg){
    …
    Return SUCCESS; }
```

具有接口参数 P 的参数化命令或事件的实现语法满足具有 command 或 event 存储类型 C 函数定义的语法，而且在 C 函数定义的普通参数的前面有以方括号括起来的参数 P 前缀。这些接口参数声明 P 属于命令或事件的函数参数范围，而且具有与普通函数参数一样的使用范围。下面是一个 Send 接口的 send[uint8_t]命令的实现例子：

```
command result_t Send.send[uint8_t id](uint16_t address,uint8_t length,TOS_MsgPtr msg){
    …
    return SUCCESS;}
```

下面的 C 语句扩展定义了命令调用和事件通知：

```
postfix-expression:
    postfix-expression[argument-expression-list]
    call-kind opt primary(argument-expression-listopt)
    …
call-kind: one of
    call signal post
```

关键字：call，signal。

一个简单的命令 a 可以用 call a(…)来调用，而用 signal a(…)来通知一个简单事件 a。一个有 n 个 T1，…，Tn 类型接口参数的参数化命令(或事件)a 可以用 call a[e1，…en](…)来调用(相应地可以用 signal a[e1，…en](…)来通知事件)。接口参数表达式 ei 必须符合类型 Ti。例如，一个具有 SendMsg 类型的接口 Send[uint8t id〕的命令例子如下：

```
int X=…;
call Send.send[x+1](1, sizeof(Message), &msg1);
```

调用命令和通知事件后，它们的执行是马上完成的，即 call 和 signal 与函数调用是相似的。被 call 和 signal 表达式执行的实际命令或事件取决于程序配件中定义的 wiring 语句，这些 wiring 语句定义 0、1 或多个实现被执行。当多于一个的实现被执行时，称此模块的命令或事件有扇出(fan-out)特性。

模块(modules)的具体实现需要另一个概念即任务，任务的定义如下：

    task　void　任务名称( );

    post　任务名称( );

一个任务是一个返回类型为 void 且无参数的 task 存储类型的函数。在 TinyOS 中，任务是一个可以被调度的逻辑实体，它类似于传统操作系统中的进程/线程概念。一个任务可以有一个预先声明，例如 task void myTask( )。

使用带 post 前缀的任务调用来提交(post)任务，例如 post myTask()。post 将任务挂入任务队列中，并立即返回；任务提交成功后，post 返回 1，否则返回 0，post 表达式的类型是 unsigned char。

2.2.4　配件

配件通过连接一系列其他组件来实现一个组件规范，主要用来实现组件间的相互访问方式。配件的语法定义如下：

    configuration:

        configuration identifier specification configuration-implementation

    configuration-implementation:

        implementation{　component-list connection-list }

component-list 列出用来实现此配件的组件列表，connection-list 定义了这些组件是怎样互相连接以及如何与配件的规范连接在一起的。这里把配件规范中的规范元素称为外部(external)规范元素，而把在配件组件中的规范元素称为内部(internal)规范元素。

1. 配件中的组件列表

组件列表(component-list)定义了用来实现配件的组件。这些组件可以在配件中重命名，这样就可以解决与配件规范元素的名字相冲突的问题，或简化程序编写，为组件所选的名字属于组件实现范围。组件列表的语法定义如下：

    component-list:

        components

        component-list components

    components:

        components component-line;

    component-line:

        renamed-identifier

        component-line, renamed-identifier

    renamed-identifier:

        identifier

　　　　identifier as identifier

当有两个组件使用 as 导致重名时,会产生一个编译时错误(例如,component X,Y as X),一个组件始终只有一个实例。如果组件 K 在两个不同的配件中被使用,或者在同一个配件中被使用两次,程序中也只有一个实例。

2. 连接

本节介绍了配件终端的一个关键内容——连接(wiring)。连接用来把定义的元素(接口、命令、事件等)联系在一起,以完成相互之间的调用。

1) 连接的语法定义

连接的语法定义如下:

　　　　connection-list:
　　　　　　connection
　　　　　　connection-list connection
　　　　connection:
　　　　　　endpoint=endpoint
　　　　　　endpoint->endpoint
　　　　　　endpoint<-endpoint
　　　　endpoint:
　　　　　　identifier-path
　　　　　　identifier-path[argument-expression-list]
　　　　identifier-path:
　　　　　　identifier
　　　　　　identifier-path.identifier

连接语句连接两个终点(endpoint),一个终点的 identifier-path 指明了一个规范元素,可选项 argument-expression-list 定义了接口参数。如果一个终点的规范元素是参数化的,并且这个终点没有确定的参数值,则这个终点称为参数化的终点。当一个终点有参数值,且下面任何一种情况为真时,会产生一个编译时错误:

(1) 参数值不全是常量表达式;

(2) 这个终点的规范元素是非参数化的;

(3) 参数个数与规范元素规定的参数个数不符;

(4) 参数值不在规范元素的参数类型范围内。

当一个终点的 identifier-path 不是下面三种情况之一时,也会产生一个编译时错误:

(1) X: 这里 X 是一个外部规范元素的名字。

(2) K.X: 这里 K 是 component-list i/:,X 是 K 的一个规范元素。

(3) K: 这里 K 是 component-list 的一个组件。这种形式用于隐含连接,稍后会给出相关分析。值得注意的是,当定义了参数时这种格式不能使用。

2) nesC 中有三种连接语句

(1) endpoint1 = endpoint2(equate 连接): 这是一种包含一个外部规范元素的连接。这种连接语句可以有效地使两个规范元素等价。设 S1 是 endpoint1 的规范元素,S2 是 endpoint2

的规范元素，必须满足下面两个条件，否则会产生一个编译时错误。

① S1 是内部的，S2 是外部的(或者相反)，而且 S1 和 S2 同时是被提供的或是被使用的。

② S1 和 S2 都是外部的，而且一个是被提供的，另一个是被使用的。

(2) endpoint1->endpoint2：这是一种包含两个内部规范元素的连接。Link 连接经常把 endpoint1 定义的被使用的规范元素连接到 endpoint2 定义的被提供的规范元素上。如果这两个条件不满足时会产生一个编译时错误。

(3) endpoint1<-endpoint2：这种连接等价于 endpoint2->endpoint1。

在这三种连接中，被定义的两个规范元素必须是兼容的，即它们必须都是命令，或都是事件，或都是接口实例。如果它们是命令(或事件)，则必须拥有相同的函数名字：如果是接口实例，则必须是同一接口类型；如果不满足上述条件，则会产生一个编译时错误。

3) 怎样用连接语句来表达在每个调用(call)表达式中的函数调用关系

如果一个终点是参数化的，则连接的另一个终点也必须是参数化的，而且必须拥有相同的参数类型，否则会产生一个编译时错误。同一个规范元素也许会被多次连接，例如：

```
configuration C{
    Provides interface X;
}
implementation{
    components C0, C1, C2;
    C0.X->C1.X;
    C0.X->C2.X;
}
```

在这个例子中，多个连接会导致接口 X 中的事件多次被通知("fan-in")，而且当接口 X 中的命令被调用时，会执行其他组件中接口的相关函数("fan-out")。

注意，当两个配件独立地连接同一个接口时也会发生多重连接，例如：

```
configuration C{}                       configuration D{}
implementation {                        implementation {
    components C1, C2;                       components C3, C2;
    C1.Y->C2.Y;                             C3.Y->C2.Y;
}                                       }
```

所有外部规范元素必须被连接，否则会产生一个编译时错误，内部规范元素可以不被连接。当然，这些内部规范元素也许会在别的配件中被连接，但当模块有合适的默认事件或命令实现时不会被连接。

(1) 隐式连接。

在 nesC 中有几种定义连接的方式，如 K1<-K2.X 等。nesC 会遍历 K1 的规范元素，寻找是否有对应的 X 规范元素，如果有，则产生一个连接；如果没有，则会产生一个编译时错误。例如：

```
module M1{
    provides interface StdControl;
    provides command void h();
```

```
    }
module M2{
    uses interface StdControl as SC;
}
configuration C{
    provides command void h2();
}implementation{
    components M1, M2;
    h2=M1.h;
    M2.SC->M1;
}
```

在上面的例子中，通过分析可以看出，M2.SC->M1 相当于 M2.SC->M1.StdControl。

(2) 无参数化连接的语义。

下面首先介绍非参数化接口的连接语义，然后解释参数化接口，以及明确把一个应用看成一个整体时连接语句。

可以用中间函数(intermediate functions)来定义连接，每个组件中的命令 a 或事件 a 都会有一个中间函数 Ia。

一个中间函数可以是被使用的，也可以是被提供的，每个中间函数有与组件规范中相应的命令或事件参数一致的参数。

① 中间函数 I 的函数体是一个对其他中间函数的调用(顺序执行)列表。I 接收到的参数会被无改变地传递给被调用的中间函数。

② 中间函数 I 的结果是一个结果列表(列表元素类型是 I 所对应的命令或事件的结果类型)，由被调用的中间函数的结果组合(combine)而成。一个返回空结果列表的中间函数对应一个未被连接的命令或事件；一个返回两个或多个元素的结果列表的中间函数对应于扇出("fan-out")的情况。

一个配件中的连接语句定义了中间函数体。为了简化起见，可通过扩充连接语句"->"来表示(refer to)中间函数的连接关系，这样就不必使用连接规范元素的多个连接语句，如"="、"->"等。这里用"I1->I2"来表示 I1 和 I2 中间函数之间的连接关系。例如配件 C 定义了下面的中间函数连接：

IC.X.f <--> IM.P.f　　　　IM.U.f <--> IM.P.f　　　　IC.h2 <--> IM.h
IC.X.g <--> IM.P.g　　　　IM.U.g <--> IM.P.g

在配件 C 的连接 I1 <--> I2 中，其中一个中间函数是被调用者，而另一个是调用者。这种连接方式只是简单地把对被调用者的一个调用加到调用者函数体中。当满足下面任意一个条件时，I1(类似地有 I2)是被调用者(对于包含这个连接的配件 C，对规范元素使用内部、外部这种术语)：

· 如果 I1 对应一个内部规范元素，而这个内部规范元素是一个被提供的命令或事件。

· 如果 I1 对应一个外部规范元素，而这个外部规范元素是一个被使用的命令或事件。

· 如果 I1 对应接口实例 X 的一个命令，而且 X 是一个内部的、被提供的或是一个外部的、被使用的规范元素。

• 如果 I1 对应接口实例 X 的一个事件，而且 X 是一个外部的、被提供的或是一个内部的、被使用的规范元素。

如果上述条件都不满足，I1 是调用者。后定义的连接规则保证一个连接 I1<-->I2 不会连接两个调用者成被调用者。

模块中的 C 代码要么调用中间函数，要么被中间函数调用。模块 M 中被提供的命令或事件 a 的中间函数 I 包含一个对 M 中 a 的简单调用，它的结果是这个调用结果的单件列表(singleton list)。表达式 call a(e1，…，en)的实际实现过程如下：

• 把值 v1，…，vn 赋值给 e1，…，en。

• 用参数 v1，…，vn 调用对应 a 的中间函数 I，结果列表是 L。

假设 1：如果 L=(w1，w2，…，wm)(两个或多个元素)，调用结果取决于 a 的结果类型 r。假设 2：如果 r 为 void，那么结果是 void。如果上述假设 1 和假设 2 不满足，则 r 必须有一个关联组合函数(combining function)c，如果没有关联组合函数，则产生一个编译时错误。组合函数有两个 r 类型的值，并且返回一个 r 类型的结果，调用结果是 c(w1,c(w2,…，c(wm-1，wm)))(注意：L 中元素的顺序是固定的)。

• 如果结果列表 L 为空，则会用参数 v1、v2 调用 a 的默认实现，并且它的结果就是调用的结果。前面已说明如果 L 是空的而且没有 a 的默认实现时，会产生一个编译时错误。

(3) 参数化函数连接的语义。

如果组件 K 的一个命令或事件 a 被 r1，…，rn 类型的接口参数化，那么对于每个不同的元组(v1：r1，…，vn：rn)都有一个中间函数 Ia，v1，…，vn。在模块中，如果中间函数 Ia，v1，…，vn 对应参数化的被提供命令(或事件)a，则 Ia，v1，…，vn 中对 a 实现的调用会把 v1，…，vn 当作 a 的接口参数来传递。

表达式 call a[e'1，…，e'm](e1，…，en)的实现过程如下：

① 把 v1，…，vn 赋值给 e1，…，en；

② 把 v1，…，vm 赋值给 e1，…，en；

③ Vi 被转换为类型 ri，ri 是 a 的第 i 个接口参数；

④ 用参数 v1，…，vn 调用对应 a 的中间函数 Iv1，…，vm，结果列表为 L；

⑤ 如果 L 有一个或多个元素，则调用的结果会像无参数的情况一样生成；

⑥ 如果 L 是空的，则会用接口参数 v1，…，vm 和参数 v1，…，vn 调用 a 的默认实现，并且它的结果就是调用的结果。前面已说明如果 L 是空的而且没有 a 的默认实现时则会产生一个编译时错误。

当一个连接语句中的终点(endPoint)指向(refer to)一个参数化规范元素时，有两种情况：

① endpoint 定义了参数值 v1，…，vn。如果 endpoint 对应命令或事件 a1，…，am，则对应的中间函数是 Ia1，v1，…，vn，…，Iam，v1，…，vn，并且连接行为和以前是一样的。

② endpoint 不定义参数值。在这种情况下，连接语句中的 endpoint 对应参数化规范元素，而且有相同的接口参数类型 r1，…，rn。如果一个 endpoint 对应命令或事件 a1，…，am，而另一个对应命令或事件 b1，…，bm，则对于所有 1≤i≤m 和所有元组(w1：r1，…，wn：rn)，有一个连接 Iai，w1，…，wn<-->Ibi，w1，…，wn(也就是说，enPoint 被连接到全部对应的参数值)。

2.3　基于 nesC 语言的应用程序

2.3.1　基于 nesC 语言的应用程序的开发

基于 nesC 语言的应用程序的开发大致包含以下几个方面。

1. 应用程序总体框架

2. 应用程序开发步骤

(1) 建立文件夹；

(2) 定义文件头；

(3) 编写顶层配件；

(4) 编写核心处理模块。

表 2-1 给出了文件名及对应的文件类型。

表 2-1　文件名及文件类型

文件名	文件类型
Foo.nc	接口文件
Foo.h	头文件
FooC.nc	公共组件(配件或模块)
FooP.nc	私有组件(配件或模块)

3. 应用程序的命名环境

应用程序的命名环境：基于 C 语言的声明和定义、接口文件和组件。

4. 应用程序的编译过程

(1) 装载 C 文件 X；

(2) 装载顶层配件 K；

(3) 装载顶层配件指定的所有接口类型；

(4) 装载顶层配件指定的所有组件。

5. 应用程序下载到节点

(1) 擦除 Flash 中存放的原始代码；

(2) 把 main.srec 下载到节点的 Flash 中；

(3) 验证写入程序和源文件是否一致。

2.3.2　nesC 程序举例

下面介绍一个经典的 Blink 应用程序，它通过开启定时器来实现周期性地切换 LED 灯。

Blink 程序由两个文件组成：模块文件(BlinkC.nc)和配件文件(BlinkAppC.nc)。

注意：所有程序都需要一个顶层配件，通常以应用程序的名字命名。BlinkAppC 就是 Blink 程序的配件，也是 nesC 编译器产生可执行文件的源头。而 BlinkC 则提供 Blink 程序的逻辑实现。BlinkAppC 用来连接 BlinkC 模块和 Blink 所需的其他功能组件。

下面分别是模块文件(BlinkC.nc)和配件文件(BlinkAppC.nc)。

1. 模块文件(BlinkC.nc)

```
configuration BlinkAppC
{    // 这里一般由 uses 和 provides 从句来说明使用到的和提供的接口,
     // 除了顶层配件,模块和配件多可以使用和提供接口
}
Implementation    //实现部分
{
     components MainC, BlinkC, LedsC;          // BlinkC 是编写的模块
     components new TimerMilliC() as Timer0;   // as 命名别名方便识别
     components new TimerMilliC() as Timer1;   //同一组件不同实例
     components new TimerMilliC() as Timer2;
     //components 指定了这个配件用到的组件 components
     BlinkC -> MainC.Boot;          // BlinkC.Boot -> MainC.Boot
     BlinkC.Timer0 -> Timer0;       // BlinkC.Timer0 -> Timer0.Timer0
     BlinkC.Timer1 -> Timer1;       // ->是连接的意思
     BlinkC.Timer2 -> Timer2;       // ->是一种包含两个内部规范元素的连接
     BlinkC.Leds -> LedsC;          // BlinkC.Leds -> LedsC.Leds
     //也就是把负责实现应用部分的模块 BlinkC 与系统的组件库连接起来
     //注意,BlinkAppC 和 BlinkC 组件是不一样的。更确切地说,BlinkAppC 是由 Blinkc 组件
     //连同 mainc、LedsC 和 3 个 Timer 定时器一起组成的
}
```

2. 配件文件(BlinkAppC.nc)

```
module BlinkC ()
{
    uses interface Timer<TMilli> as Timer0;        //定义使用到的接口
    … …           // Timer1、Timer2 的定义同上
    uses interface Leds;
    uses interface Boot;      // BlinkC 可以调用这些它使用的接口的任何命令,但必须实现这些
                              //接口的所有事件 event
}
implementation
{
    event void Boot.booted()
    {
        call Timer0.startPeriodic( 250 );          // 250 ms 周期性触发
        call Timer1.startPeriodic( 500 );
```

```
        call Timer2.startPeriodic( 1000 );
    }
    event void Timer0.fired()
    {
        dbg("BlinkC", "Timer 0 fired @ %s.\n", sim_time_string());
        call Leds.led0Toggle();                // led0 灯切换灭-亮状态
    }
    … …        // Timer1、Timer2 的 fired()事件函数同上
    }
```

3. 接口连接

由于大多数的节点平台没有基于硬件的内存保护措施，也没有将用户地址空间和系统地址空间分离开，只有一个所有组件都能共享的地址空间，因此最好的办法就是保持内存尽可能少的共享。

组件声明的任何状态变量都是私有的，没有任何其他组件可以对它进行命名或者直接访问。两个组件直接交互的唯一方式是通过接口。

nesC 使用箭头->来绑定一个接口到另一个接口，但一定要是同一类接口。例如 A->B 意为 A 连接到 B。A 是接口的使用者(user)，而 B 是接口的提供者(provider)。完整的表达式应该为：A. a->B. b，这意味着组件 A 的接口 a 连接到组件 B 的接口 b。

当一个组件使用或者提供同一个接口的多个不同实例时，设置别名就非常有必要了。如 BlinkC 中的 Timer0、Timer1、Timer2。

当一个组件只含有一个接口的时候，就可以省略接口的名字了。如 BlinkApp 中 BlinkC.leds->LedsC 就省略了 LedsC 组件中包含的接口 Leds，其等同于 Blinkc.leds->LedsC.Leds。由于 BlinkC 组件中仅仅含有一个 Leds 的接口实例，那也同样等同于：Blinkc->LedsC.Leds。同样地，TimerMilliC 组件只提供了单一的 Timer 接口实例，也不必包含在下面的连接里：BlinkC.Timer0->Timer0。连接的箭头是可以对称倒反的，如 Timer0->BlinkC.Timer0 等同于 BlinkC.Timer0->Timer0，为了方便阅读，大多数连接的箭头还是从左到右的。

第三章 物联网操作系统——TinyOS

本章主要以 TinyOS 为例分析面向传感器网络的操作系统。首先介绍 TinyOS 的设计思路、组件模型和通信模型等；然后从上层应用程序到下层硬件处理，以及下层中断处理到上层应用响应两个方面深入分析 TinyOS 的实现；最后介绍 TinyOS 的安装，以及通过模拟器开发基于 TinyOS 应用的方法。

3.1 TinyOS 操作系统简介

3.1.1 传感器网络对操作系统的需求

传感器网络从某种程度上可以看作一种由大量微型、廉价、能量有限的多功能传感器节点组成的、可协同工作的、面向分布式自组织网络的计算机系统。由于传感器网络的特殊性，传感器网络对操作系统的需求相较于传统操作系统有较大的差异，因此，需要针对传感器网络应用的多样性、硬件功能有限、资源受限、节点微型化和分布式任务协作等特点，研究和设计新的基于传感器网络的操作系统和相关软件。

有些研究人员认为传感器网络的硬件很简单，没有必要设计一个专门的操作系统，可以直接在硬件上设计应用程序。这种观点在实际过程中会碰到许多问题：首先就是面向传感器网络的应用开发难度会加大，应用开发人员不得不直接面对硬件进行编程，无法像传统操作系统那样提供丰富的服务；其次是软件的重用性差，程序员无法继承已有的软件服务成果，降低了开发效率。

另外一些研究人员认为，可以直接使用现有的嵌入式操作系统，如 VxWorks、WinCE、Linux、QNX、VRTX 等。这些系统中有基于微内核架构的嵌入式操作系统，如 VxWorks、QNX 等，也有基于单体内核架构的嵌入式操作系统，如 Linux 等。由于这些操作系统主要面向嵌入式领域相对复杂的应用，因此其功能也比较复杂，如它们可提供内存动态分配、虚存支持、实时性支持、文件系统支持等，系统代码尺寸相对较大，部分嵌入式操作系统还提供了对 POSIX 标准的支持。但传感器网络的硬件资源极为有限，上述操作系统目前很难在这样的硬件资源上正常运行。

由于传感器网络的特殊性，需要操作系统能够高效地使用传感器节点的有限内存，低速低功耗的处理器、传感器，低速通信设备、有限的电源，且能够对各种特定应用提供最大支持。在面向传感器网络的操作系统的支持下，多个应用可以并发地使用系统资源，如计算、存储和通信等。

在传感器网络中，单个传感器节点有两个很突出的特点：一个是它的并发性很密集，即可能存在多个需要同时执行的逻辑控制，需要操作系统能够有效地满足这种频繁发生、并发程度高、执行过程比较短的逻辑控制流程；另一个是传感器节点模块化程度很高，要求操作系统能够使应用程序方便地对硬件进行控制，保证在不影响整体开销的情况下，应用程序中的各个部分能够比较方便地进行重新组合。

上述这些特点给设计面向传感器网络的操作系统提出了新的挑战。加州大学伯克利分校的研究人员通过比较、分析与实践，针对传感器网络的特点，设计了 TinyOS 操作系统，基本上能够满足上述需求。

3.1.2　TinyOS 操作系统的设计思路

TinyOS 操作系统本身在软件体系结构上体现了一些已有的研究成果，如轻量级线程(lightweight thread)技术、主动消息(active message)通信技术、事件驱动(event-driven)模式、组件化编程(component-based programming)等。这些研究成果最初并不是用于面向传感器网络的操作系统，比如轻量级线程和主动消息主要用于并行计算中的高性能通信，但经过对面向传感器网络系统的深入研究后发现，上述技术有助于提高传感器网络的性能、发挥硬件的特点、降低其功耗，并且简化了应用的开发。

在传感器网络中，单个传感器节点的硬件资源有限，如果采用传统的进程调度方式，首先硬件就无法提供足够的支持；其次，由于传感器节点的并发操作可能比较频繁，而且并发执行流程又比较短，这也使得传统的进程/线程调度无法适应。采用比一般线程更为简单的轻量级线程技术和两层调度(two-level scheduling)方式，可有效使用传感器节点的有限资源。在这种模式下，一般的轻量级线程(task，即 TinyOS 中的任务)按照 FIFO 方式进行调度，轻量级线程之间不允许抢占；而硬件处理线程(在 TinyOS 中，称为硬件处理器)，即中断处理线程可以打断用户的轻量级线程和低优先级的中断处理线程，对硬件中断进行快速响应。当然，对于共享资源，需要通过原子操作或同步原语进行访问保护。

在通信协议方面，由于无线传感器节点的 CPU 和能量资源有限，且构成传感器网络的节点个数的量级可能为 $10^3 \sim 10^4$，导致通信的并行度很高，所以采用传统的通信协议无法适应这样的环境。通过深入研究，TinyOS 的通信层采用的关键协议是主动消息通信协议。主动消息通信是一种基于事件驱动的高性能并行通信方式，以前主要用于计算机并行领域，在一个基于事件驱动的操作系统中，单个地执行上下文可以被不同的执行逻辑所共享。TinyOS 是一个基于事件驱动的深度嵌入式操作系统，所以 TinyOS 中的系统模块可快速响应基于主动消息协议的通信层传来的通信事件，有效地提高了 CPU 的使用率。

除了提高 CPU 使用率的优点外，主动消息通信与二级调度策略的结合还有助于节能操作。节能操作的一个关键问题就是能够确定传感器节点何时进入省电状态，从而让整个系统进入某种省电模式(如休眠等状态)。TinyOS 的事件驱动机制迫使应用程序在做完通信工作后，隐式地声明工作完成，而且在 TinyOS 的调度下，所有与通信事件相关联的任务在事件产生时可以迅速进行处理。在处理完毕且没有其他事件的情况下，CPU 将进入睡眠状态，等待下一个事件激活 CPU。

3.2　TinyOS 组件模型

除了使用高效的基于事件的执行方式外，TinyOS 还包含了经过特殊设计的组件模型，其目标是高效率的模块化和易于构造组件型应用软件。对于嵌入式系统来说，为了提高可靠性而又不牺牲性能，建立高效的组件模型是必需的。组件模型允许应用程序开发人员方便快捷地将独立组件组合到各层配件文件中，并在面向应用程序的顶层(top-level)配件文件中完成应用的整体装配。

nesC 作为一种 C 语言的组件化扩展，可表达组件以及组件之间的事件/命令接口。在 nesC 中，多个命令和事件可以成组地定义在接口中，接口则简化了组件之间的相互连接。在 TinyOS 中，每个模块由一组命令和事件组成，这些命令和事件称为该模块的接口。换句话说，一个完整的系统说明书就是一个其所要包含的组件列表加上对组件相互联系的说明。TinyOS 的组件有四个相互关联的部分：一组命令处理程序句柄、一组事件处理程序句柄、一个经过封装的私有数据帧(data frame)及一组简单的任务。任务、命令和事件处理程序在帧的上下文中执行并切换帧的状态。为了易于实现模块化，每个模块还声明了自己使用的接口及其要用信号通知的事件，这些声明将用于组件的相互连接。图 3-1 所示为一个支持多跳无线通信的组件集合与这些组件之间的关系。上层组件对下层组件发命令，下层组件向上层组件发信号通知事件的发生，最底层的组件直接和硬件打交道。

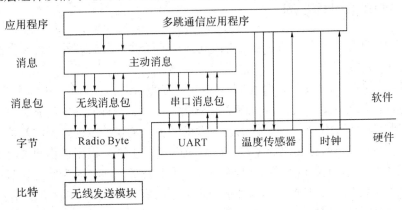

图 3-1　支持多跳无线通信的传感器应用程序的组件结构

TinyOS 采用静态分配存储帧，这样在编译时就可以决定全部应用程序所需要的存储器空间。帧是一种特殊的符合 C 语法的结构体(struct)，它不仅采用静态分配而且只能由其所属的组件直接访问。TinyOS 不提供动态的存储保护，组件之间的变量越权访问检查是在编译过程中完成的。除了允许计算存储器空间要求的最大值外，帧的预分配可以防止与动态分配相关的额外开销，并且可以避免与指针相关的错误。另外，预分配还可以节省执行事件的开销，因为变量的位置在编译时就确定了，而不用通过指针动态地访问其状态。

在 TinyOS 中，命令是对下层组件的非阻塞请求。典型情况下，命令将请求的参数存储到本地的帧中，并为后期的执行有条件地产生一个任务(也称为轻量级线程)。命令也可以调用下层组件的命令，但是不必等待长时间的或延迟时间不确定的动作的发生。命令必须通过返回值为其调用者提供反馈信息，如缓冲区溢出返回失败等。

事件处理程序被激活后，就可以直接或间接地去处理硬件事件。这里首先要对程序执行逻辑的层次进行定义。越接近硬件处理的程序逻辑，其程序逻辑的层次越低，处于整个软件体系的下层。越接近应用程序的程序逻辑，其程序逻辑的层次越高，处于整个软件体系的上层。命令和事件都是为了完成其在组件状态上下文中出现的规模小且开销固定的工作。最底层的组件拥有直接处理硬件中断的处理程序，这些硬件中断可能是外部中断、定时器事件或者计数器事件。事件的处理程序可以存储消息到其所在帧，可以创建任务，可以向上层发送事件发生的信号，也可以调用下层命令。硬件事件可以触发一连串的处理，其执行的方向既可以通过事件向上执行，也可以通过命令向下调用。为了避免命令/事件链的死循环，不可以通过信号机制向上调用命令。

任务是完成 TinyOS 应用主要工作的轻量级线程。任务具有原子性，一旦运行就要运行至完成，不能被其他任务打断，但任务的执行可以被硬件中断产生的事件打断。任务可以调用下层命令，可以向上层发信号通知事件发生，也可以在组件内部调度其他任务。任务执行的原子特性，简化了 TinyOS 的调度设计，使得 TinyOS 仅仅分配一个任务堆栈就可以保存任务执行中的临时数据，该堆栈仅由当前执行的任务占有，这样的设计对于存储空间受限的系统来说是高效的。任务在每个组件中模拟了并发性，因为任务相对于事件而言是异步执行的。然而，任务不能阻塞，也不能空转等待，否则将会阻止其他组件的运行。

3.2.1　TinyOS 的组件类型

TinyOS 中的组件通常可以分为三类：硬件抽象组件、合成硬件组件和高层次的软件组件。

硬件抽象组件将物理硬件映射到 TinyOS 组件模型。RFM 射频组件是这种组件的代表，它提供命令以操纵与 RFM 收发器相连的各个单独的 I/O 引脚，并发信号给事件将数据位的发送和接收通知其他组件。该组件的帧包含射频模块的当前状态，如收发器处于发送模式还是接收模式、当前数据传输速率等。RFM 处理硬件中断并根据操作模式将其转化为接收(RX)bit 事件或发送(TX)bit 事件。RFM 组件中没有任务，这是因为硬件自身提供了并发控制，该硬件资源抽象模型涵盖的范围从非常简单的资源(例如单独的 I/O 引脚)到十分复杂的资源(例如加密加速器)。

合成硬件组件模拟高级硬件的行为，这种组件的一个例子就是 Radio Byte 组件。它将数据以字节为单位与上层组件交互，以位为单位与下面的 RFM 模块交互。组件内部的任务是完成数据的简单编码或解码工作。从概念上讲，该模块是一个能够直接构成增强型硬件的状态机。从更高的层次上看，该组件提供了一个硬件抽象模块，将无线接口映射到 UART 设备接口上，它提供了与 UART 接口相同的命令，发送信号通知相同的事件，处理相同粒度的数据，并且在组件内部执行类似的任务(查找起始位或符号、执行简单编码等)。

高层次软件组件模块用于完成控制、路由以及数据传输等。这种类型组件的一个例子是如图 3-2 所示的主动消息处理模块，它完成在传输前填充包缓存区以及将收到的消息分发给相应任务的功能。执行基于数据或数据集合计算的组件也属于这一类型。

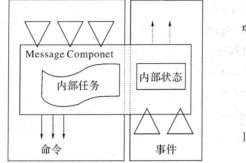

```
module TimerM {
    provides interface Timerluintg_t id]:
    provides interface StdControl;
    uses {
        interface Leds;
        interface Clock;
        interface PowcrManagement;
    }
}...
```

图 3-2　主动消息处理模块

3.2.2　硬件/软件边界

TinyOS 的组件模型使硬件/软件边界能够比较方便地迁移，因为 TinyOS 采用的基于事件的软件模型是对底层硬件的有效扩展和补充。另外，在 TinyOS 设计中采用固定数据结构大小、存储空间的预分配等技术都有利于硬件化这些软件组件。从软件迁移到硬件对于传感器网络来说特别重要，因为在传感器网络中，系统的设计者为了满足各种需求，需要获得集成度、电源管理和系统成本之间的折中方案。

3.2.3　组件示例

图 3-2 是一个典型的组件，它包含一个内部帧、事件处理程序句柄、命令和用于消息处理组件的任务。与大多数组件类似，它提供了用于初始化和电源管理的命令。另外，它还提供了初始化一次消息传输的命令，并且在一次传输完成或一条消息到达时，向相关组件发消息。为了完成这一功能，消息组件向完成数据包处理的下层组件发送命令并且处理两种类型的事件，其中一种表明传输完毕，另一种则表明已经收到一条消息。

程序 3-1　描述主动消息的标准消息模块的外部接口。

```
moduke AMStandard
{
    provides{
        interface StdControl as Control;
        interface CommControl;
        //通过主动消息 id 来参数化接口
        interface SendMsg[uint8_t id];
        interface ReceiveMsg[uint8_t id];
        //最近一秒内接收的数据包个数
        command uint16_t activity();
    }
    uses{
        //组件每发送完成一包后调用的接口，可以在该接口连接中重发那些传送失败的数据包
```

```
        event result_t sendDone();
        interface StdControl as UARTControl;
        interface BareSendMsg as UARTSend;
        interface RceciveMsg as UARTReceive;
        interface StdControl as RadioControl;
        interface BareSendMsg as RadioSend;
        interface ReceiveMsg as RadioReceive;
        interface Leds;
    }
}
```

可以用图示的方式将程序 3-1 中的组件描绘成一组任务换或一个状态区(组件的帧)、或一组命令(倒三角形)、或一组表示组件所用到的命令(向下的实心箭头)，以及一组表示其所发信号要通知的事件(向上的虚线箭头)，如图 3-2 所示。组件描述了其提供的资源及其所要求的资源，而将这些组件连接到一起就比较简单了。程序员要做的就是使一个组件所需要的事件和命令的特征与另一个组件所提供的事件和命令的特征相匹配，组件之间的通信采用函数调用的形式，这种方式系统开销小，能提供编译期的类型检查。

3.2.4　组件组合

为了支持 TinyOS 的模块化特性，TinyOS 工作小组开发了一整套工具用于帮助开发者将组件连接起来。

在 TinyOS 中，组件在编译时被连接在一起，以消除运行期间不必要的系统开销。为了便于组合，在每个组件文件的开始描述该组件的外部接口。在这些文件中，组件实现了要提供给外部的命令和要处理的事件，同时也列出了要发信号通知的事件及其所使用的命令。从逻辑上讲，可把每个组件的输入/输出看成 I/O 引脚，就好像组件是一种物理硬件。组件向上和向下接口的这种完整描述被编译器用于自动生成组件的头文件。程序 3-2 包含了一个组件文件的示例，用于使 LED 闪烁的简单应用程序(该程序修改自 apps/ Blink/ Blink M. nc 文件)。为了将各个单独组件组合成一个完整的应用程序，TinyOS 在最初的版本中使用描述文件(以.desC 结尾的文件)定义所用组件的列表和组件之间的逻辑连接。支持组件描述的 nesC 语言开发出来后，TinyOS 组件模型就不需要描述文件了。

程序 3-2　使系统的 LED 每秒闪烁一次的应用程序组件 BlinkM.nc。

```
/*实现 Blink 应用程序，在时钟中断 clock fires 的时候闪烁红灯*/
Module BlinkM{
    Provides{
        Interface StdControl;
    }
    Uses{
        Interface Clock;
        Interface Leds;
```

```
        }
    }
Implementation{
    /*红灯的状态(on or off) */
    Bool state;
    /*初始化组件，总是返回成功*/
    Command result_t StdControl.init(){
        State=FALSE;
        Call Leds. Init();
        Return SUCCESS;
    }
    /*Start 接口实现，设置时钟组件的中断频率，始终返回成功*/
    Command result_t StdControl.start(){
        Return call Clock.setRate(TOS_I1PS, TOS_S1PS);
    }
    /*stop 接口实现，关闭时钟模块，始终返回成功*/
    Command result_t StdControl.stop(){
        Return call Clock.setRate(TOS_I0PS, TOS_S0PS);
    }
    /*在 Clock.fire 中断发生时调用的事件接口，始终返回成功*/
    Event result_t Clock.fire(){
        State=!state;
        If(state){
            Call Leds.redOn();
        }else{
            Call Leds.redOff();
        }
        Return SUCCESS;
    }
}
```

这个应用程序配件文件的实现(implementation)部分可以看作一个组件列表及一个连接逻辑关系。配件文件的实现部分可以进一步细分成两部分：第一部分直接列出了应用程序所包含的模块；第二部分列出了每个组件接口之间的连接关系。程序 3-3 含有一个简单的 nesC 应用程序的配件文件示例。

程序 3-3 将 Blink 应用程序串起来的 nesC 应用程序配件文件 Blink.nc。

```
/*修改 TinyOS 中的 BlinkM.nc 程序*/
Configuration Blink{
}
Implementation{
```

```
Components Main, BlinkM, ClockC, LedsC, CustKernelWrapper;
Main.StdControl→BlinkM.StdControl;
BlinkM.Clock→ClockC;
BlinkM.Leds→LedsC;
}
```

　　程序编译期间，为了创建把组件连接在一起的逻辑关系，会预先处理配件文件，这是由 nesC 编译器自动完成的。例如，单个事件可以被多个组件处理。编译期间可以自动生成代码，完成将事件通知到相关组件的事件处理函数的功能。nesC 编译器的输出是一个标准 C 文件，包含应用程序中的所有组件，也包含所有必需的连接信息。

3.2.5　应用程序总体分析

　　现以 TinyOS 包含的一个示例程序 Blink 为例，说明基于 TinyOS 的应用程序的特征。Blink 程序可完成以一个二进制计数器风格来点亮和关闭系统的 LED 功能，通过对它的分析，可以展示 TinyOS 的一些核心概念。

　　程序 3-2 给出了 Blink 应用程序的主要组件(来自 BlinkM. nc)的模块描述。从这个模块描述中可以看到，BlinkM 组件提供 TinyOS 的 StdControl 接口，并使用 Clock 接口和 Leds 接口。该文件还描述了模块所需要的其他组件提供的功能，该组件实现了 StdControl 接口调用 Clock 接口和 Leds 接口，从而完成应用的主体功能。

　　所有在模块范围内声明的变量都是局部私有变量，它们放在组件的私有帧内。在这个应用程序中，模块只有一个称为 state 的变量。这个变量保存的是显示在 LED 上的二进制计数器的当前值。代码的第二部分包括 StdControl 接口的实现，该接口用于初始化模块。声明函数使用的是特定的函数类型(command/event)、返回值类型、所属的接口名、单独的函数名以及参数列表。init 函数是一条命令，返回值类型是 result_t，不接收参数，属于 StdControl 接口的一部分，它完成该组件所有必要的初始化。另外，它必须初始化所有该组件用到的子组件。在这个例子中，init 发布了一个命令去初始化 LED 命令，调用使用的是"call"关键字。与此相似，使用"signal"关键字向事件发信号，当穿越组件边界时关键字 call 和 signal 被显式声明。nesC 编译器在程序分析时使用这一信息化优化组件的边界。

　　这里还应注意：应用程序从不占用执行上下文，初始化例程和事件处理程序在执行完以后，都会快速释放执行上下文。由于不占用执行上下文，所以多个并发的活动可以共享一个上下文，这是 TinyOS 应用程序的一个特性。

　　相对于 TinyOS 的事件驱动模型，如果该应用程序用一般的线程模型来实现，那么这个简单函数则需要一个专有的执行上下文，这将导致线程阻塞直到更新计数器，而且在系统空闲时，这种方式将明显消耗更多的资源。与此相比，如果采用 TinyOS 的任务和事件驱动模型，应用程序中任务的切换不需要保存通常线程的执行上下文。

　　除了编写单独的应用程序级别的组件外，应用程序开发者必须将一系列 TinyOS 组件汇编成一个完整的应用程序。程序 3-3 显示的是这个应用程序的配件文件，该文件的第一部分包含所需组件的列表。这时，完整的应用程序由 Main 组件、BlinkM 组件、ClockC 组件以及 LedC 组件构成。该文件的第二部分含有组件之间的连接关系，这一部分的第一行声明了 Main 组件的 StdCont rol 接口与 BlinkM 组件的 StdControl 接口相连。组件模型的使用使得应用程序易于重新构建。

3.3　TinyOS 通信模型

3.3.1　主动消息概述

主动消息模式是一个面向消息通信(Messaged-Based Communication)的高性能通信模式，早期一般应用于并行和分布式计算机系统中。在主动消息通信方式中，每一个消息都维护一个应用层(application-level)的处理器(handler)。当目标节点收到这个消息后，就会把消息中的数据作为参数，并传递给应用层的处理器进行处理。应用层的处理器一般完成消息数据的解包操作、计算处理或发送响应消息等工作。在这种情况下，网络就像一条包含最小消息缓冲区的流水线，消除了一般通信协议中经常碰到的缓冲区处理方面的困难情况。为了避免网络拥塞，还需要消息处理器能够实现异步执行机制。

尽管主动消息起源于并行和分布式计算领域，但其基本思想适合传感器网络的需求。主动消息的轻量体系结构在设计上同时考虑了通信框架的可扩展性和有效性。主动消息不但可以让应用程序开发者使用忙等(busy-waiting)方式等待消息数据的到来，而且可以在通信与计算之间形成重叠，这样可以极大地提高 CPU 的使用效率，并减少传感器节点的能耗。

3.3.2　主动消息的设计实现

在传感器网络中采用主动消息机制的主要目的是使无线传感器节点的计算和通信重叠，让软件层的通信原语能够与无线传感器节点的硬件能力相匹配，充分节省无线传感器节点的有限存储空间。可以把主动消息通信模型看作一个分布式事件模型，在这个模型中各个节点相互间可并发地发送消息。

为了让主动消息更适于传感器网络的需求，要求主动消息至少提供三个最基本的通信机制，即带确认信息的消息传递、有明确的消息地址及消息分发，应用程序可以进一步增加其他通信机制以满足特定需求。如果把主动消息通信实现作为一个 TinyOS 的系统组件，则可以屏蔽下层各种不同的通信硬件，为上层应用提供基本的、一致的通信原语，方便应用程序开发人员开发各种应用。

在基本通信原语的支持下，开发人员可以实现各种功能的高层通信组件，如可靠传输的组件、加密传输的组件等，这样上层应用程序可以根据具体需求，选择合适的通信组件。在传感器网络中，由于应用千差万别和硬件功能有限，TinyOS 不可能提供功能复杂的通信组件，而只提供最基本的通信组件，最后由应用程序选择或定制所需要的特殊通信组件。

3.3.3　主动消息的缓存管理机制

在 TinyOS 的主动通信实现中，如何实现消息的存储管理对通信效率有显著影响。当数据通过网络到达传感器节点时，首先要进行缓存，然后主动消息的分发(dispatch)层将缓存中的消息交给上层应用处理。在许多情况下，应用程序需要保留缓存中的数据，以便实现多跳(multi-hop)通信。

如果传感器节点上的系统不支持动态内存分配，则实现动态申请消息缓存就比较困难。TinyOS 为了解决这个问题，要求每个应用程序在消息被释放后，能够返回一块未用的消息缓存，用于接收下一个将要到来的消息。在 TinyOS 中，各个应用程序之间的执行是不能抢占的，所以不会出现多个未使用的消息缓存发生冲突的情况，这样 TinyOS 的主动消息通信组件只需要维持一个额外的消息缓存用于接收下一个消息。

由于 TinyOS 不支持动态内存分配，所以在主动消息通信组件中保存了一个固定尺寸且预先分配好的缓存队列。如果一个应用程序需要同时存储多个消息，则需要在其私有数据帧(private frame)上静态分配额外的空间以保存消息。实际上在 TinyOS 中，所有的数据分配都是在编译时确定的。

3.3.4 主动消息的显式确认消息机制

由于 TinyOS 只提供 best-effort 消息传递机制，所以接收方提供反馈信息给发送方以确定发送是否成功是很重要的。采用简单的确认反馈机制可极大地简化路由和可靠传递算法。

在 TinyOS 中，每次消息发送后，接收方都会发送一个同步的确认消息。在 TinyOS 主动消息层的最底层生成确认消息包，这样比在应用层生成确认消息包节省开销，反馈时间短。为了进一步节省开销，TinyOS 仅仅发送一个特殊的立即数序列作为确认消息的内容，这样发送方可以在很短的时间内确定接收方是否要求重新发送消息。从总体上看，这种简单的显式确认通信机制适合有限资源的传感器网络，是一种有效的通信手段。

3.4 TinyOS 事件驱动机制、调度策略与能量管理机制

3.4.1 事件驱动机制

为了满足无线传感器网络需要的高水平的运行效率，TinyOS 使用基于事件的执行方式，事件模块允许高效的并发处理运行在一个较小的空间内。相比之下，基于线程的操作系统则需要为每个上下文切换预先分配堆栈空间。此外，线程系统上下文切换的开销明显高于基于事件的系统。

为了高效地利用 CPU，基于事件的操作系统将产生低功耗的操作。限制能量消耗的关键因素是如何识别何时没有重要的工作去做而进入极低功耗的状态，基于事件的操作系统强迫应用使用完毕 CPU 时隐式声明。在 TinyOS 中，当事件被触发后，与发出信号的事件关联的所有任务将被迅速处理，当该事件以及所有关联任务被处理完毕后，未被使用的 CPU 循环被置于睡眠状态而不是积极寻找下一个活跃的事件。TinyOS 这种事件驱动方式使得系统能够高效地使用 CPU 资源，保证了能量的高效利用。

TinyOS 这种事件驱动操作系统，当一个任务完成后，就可以使其触发一个事件，然后自动调用相应的处理函数。

　　事件驱动分为硬件事件驱动和软件事件驱动。硬件事件驱动就是一个硬件发出中断，然后进入中断处理函数。而软件驱动则是通过 signal 关键字触发一个事件，这里所说的软件驱动是相对于硬件驱动而言的，主要用于在特定的操作完成后，系统通知相应程序做一些适当的处理。我们以 Blink 程序为例阐述硬件事件处理机制。在 Blink 程序中，让定时器每隔 1000ms 产生一个硬件时钟中断。在基于 ATMega 128L 的节点中，时钟中断是 15 号中断。如图 3-3 所示通过调用 BlinkM.StdControl.start()开启了定时器。

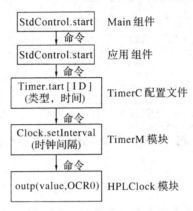

图 3-3　定时器服务启动流程图

　　一个时钟中断向量表是处理器处理中断事件的函数调度表格，它的位置和格式与处理器的设计相关。有的处理器规定中断向量表直接存放中断处理函数的地址；有的处理器产生跳转指令进入处理地点，如中断向量存放 0x3456，处理器发生中断时，组织一条中断调用指令执行 0x3456 处的代码；还有一些则是为每个中断在表中提供一定的地址空间，产生中断时系统直接跳转到中断向量的位置执行。后一种情况直接在中断向量处存放中断处理代码，不用处理器组织跳转指令。不过一般预留给中断向量的空间有限，如果处理函数比较复杂，一般都会在中断向量的位置保存一条跳转指令。ATMega 128L 处理器中断向量组织使用的是后一种处理方式。

　　中断向量表的编译连接是根据库函数的定义连接的，连接后的中断向量表如图 3-4 所示。0 号中断是初始化(reset)中断，1~43 号中断根据各个处理器的不同可能不同。ATMega 128L 中的 Timer 对应 15 号中断，所以在地址 0x3c 处的指令就是跳转到中断入口处，即 vector_15 处，而其他中断没有给定处理函数，所以就跳到 xc 6 处，即 bad interrupt 处理程序。

```
00000000<vectors>:
0:0c 94 46 00 jmp 0x8c
4:0c 94 63 00 jmp 0xc6
8:0c 94 63 00 jmp 0xc6
...
3c:0c 94 8c 01 jmp 0x318//_vector_15对应的程序入口
40:0c 94 63 00 jmp 0xc6
...
000000c6<_bad_interrupt>:
c6:0c 94 00 00 jmp 0x0
```

图 3-4　ATMega 128L 中断向量表

　　由此可知，实际上 TinyOS 把定时器安装到中断号为 15 的中断向量表中了。当定时器中断发生时，就会执行地址 0x3c 处的指令 jmp 0x318 处去执行，文件 HPLClock 也就是程序中的 vector_15 处。vector_15 是在 Clock 接口的时钟实现其接口的。定时器发生中断的响应过程如图 3-5 所示。

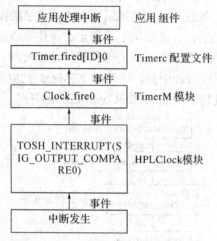

图 3-5　定时器服务响应中断流程图

3.4.2　调度策略

在无线传感器网络中，单个节点的硬件资源有限，如果采用传统的进程调度方式，首先，硬件无法提供足够的支持；其次，由于节点的并发操作比较频繁，而且并发操作执行流程又很短，这使得传统的进程/线程调度无法适应。

事件驱动的 TinyOS 采用两级调度：任务和硬件事件处理句柄(hardware event handlers)。任务是一些可以被抢占的函数，一旦被调度，任务的运行完成时彼此之间不能相互抢占。硬件事件处理句柄被执行响应硬件中断，可以抢占任务的运行或者其他硬件事件处理句柄。TinyOS 的任务调度队列采用简单的 FIFO 算法。任务事件的调度过程如图 3-6 所示。TinyOS 的任务队列如果为空，则进入极低功耗的 SLEEP 模式。当被事件触发后，在 TinyOS 中发出信号的事件其关联的所有任务被迅速处理。当这个事件和所有任务被处理完成后，未被使用的 CPU 循环被置于睡眠状态而不是积极寻找下一个活跃的事件。

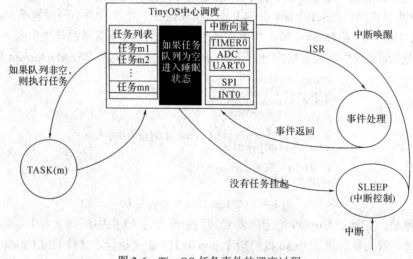

图 3-6　TinyOS 任务事件的调度过程

　　TinyOS 采用比一般线程更为简单的轻量级线程技术和两层调度方式：高优先级的硬件事件句柄以及使用 FIFO 调度的低优先级的轻量级线程(task，即 TinyOS 中的任务)，如图 3-7 所示。任务之间不允许相互抢占，而硬件事件句柄，即中断处理线程可以抢占用户的任务和低优先级的中断处理线程，保证硬件中断快速响应。TinyOS 的任务队列如果为空，则让处理器进入极低功耗的 SLEEP 模式，但是保留外围设备的运行，它们中的任何一个都可以唤醒系统。部分调度程序源代码如图 3-7 所示，其中 TOSH_run_next_task( )函数判断队列是否为空，如果是则返回 0，系统进入睡眠模式，否则做出队列操作并执行该队列项所指向的任务后返回 1。一旦任务队列为空，另一个任务能被调度的唯一条件是事件触发的结果，因而不需要唤醒调度程序直到硬件事件的触发活动。

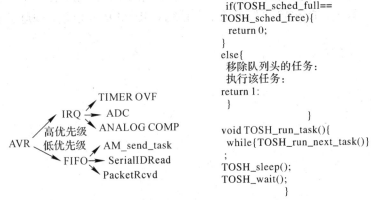

图 3-7　TinyOS 的调度结构以及部分调度程序源代码

TinyOS 的调度策略具有能量意识。

3.4.3　能量管理机制

　　无线传感器网络节点运行在人无法接近甚至危险的远程环境中，但是其电源能量有限，所以设计有效的策略来减少能量消耗、延长网络生存时间一直是研究的热点和难点。无线传感器网络的能量问题需要将无线传感器网络的特性，以及多种性能指标结合起来考虑，这是一个涉及软硬件、多层通信协议的复杂问题。

　　从节点操作系统这一层面上看，TinyOS 采用相互关联的三个部分进行能量管理。首先，每个设备都可以通过调用自身的 StdControl.stop 命令停止该设备，负责管理外围硬件设备的组件将切换该设备到低功耗状态。第二，TinyOS 提供 HPLPowerManagement 组件，通过检测处理器的 I/O 管脚和控制寄存器识别当前硬件的状态，然后将处理器转入相应的低功耗模式。第三，TinyOS 的定时器服务可以工作在大多数处理器的极低功耗的省电模式下。

　　TinyOS 中采用的是简单的 FIFO 队列，不存在优先级的概念。事件驱动的 TinyOS，如果任务队列为空，则进入睡眠态，直到有事件唤醒才去处理事件以及与事件相关的所有任务，然后再次进入睡眠态。因此这种事件驱动的驱动系统能够保证节点大多数时间都处在极低功耗的睡眠状态，有效地节约了系统的能量消耗，延长了传感器网络的生命周期，而基于多任务的系统，实际上不考虑低功耗的应用。

3.4.4　运行空间

多任务系统需要进行任务切换或者中断服务与任务间的切换，每次切换就是保存正在运行任务的当前状态，即 CPU 寄存器中的全部内容，这些内容保存在运行任务的堆栈内。入栈工作完成后，把下一个将要运行的任务的当前状况从任务的堆栈中重新装入 CPU 的寄存器中，并开始下一个任务的运行。

在事件驱动的 TinyOS 中，由于对任务的特殊的语义定义运行一完成(run to completion)，任务之间是不能切换的，所以任务的堆栈是共享的，并且任务堆栈总是当前正在运行的任务在使用。从运行空间方面看，多任务系统需要为每个上下文切换预先分配空间，而事件驱动的执行模块则可以运行在很小的空间中，因此多任务系统的上下文开销要明显高于事件系统，TinyOS 更好地减小了系统对 ROM 的需求量，规避了节点内存资源有限的限制。

第四章　RFID 无线射频技术

4.1　RFID 概述

RFID 技术是一种无线自动识别技术，又称为电子标签技术，是自动识别技术的一种创新。RFID 技术具有众多优点，广泛应用于交通、物流、安全和防伪等领域，其中很多应用作为条形码等识别技术的升级换代。本节将对 RFID 的基本原理、分类及应用、发展历程等进行简述。

4.1.1　RFID 基本原理

典型 RFID 应用系统的基本组成如图 4-1 所示，通常 RFID 系统包括前端的射频部分和后台的计算机信息管理系统。射频部分由读写器和电子标签组成。标签中植有集成电路芯片，标签和读写器通过电磁波进行信息的传输和交换。因此，标签用于存储所标识物品的身份和属性信息；读写器作为信息采集终端，利用射频信号对标签进行识别，并与计算机信息系统进行通信。在 RFID 的实际应用中，电子标签附着在被识别的物体表面或者内部。当带有电子标签的物品通过读写器的识读范围时，读写器自动以非接触的方式将电子标签中约定的识别信息读取出来，根据需要，有时可以对标签中的信息进行改动，从而实现非接触甚至远距离自动识别物品功能。

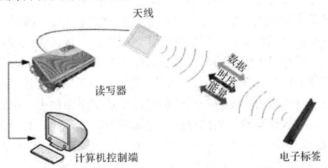

图 4-1　射频识别系统的基本模型

射频识别系统按基本工作方式分为全双工(Full Duplex)和半双工(Half Duplex)系统以及时序(SEQ)系统。全双工表示射频标签与读写器之间可在同一时刻互相传送信息。半双工表示射频标签与读写器之间可以双向传送信息，但在同一时刻只能向一个方向传送信息。

在全双工和半双工系统中，射频标签的响应是在读写器发出的电磁场或电磁波的情况下发送出去的。与阅读器本身的信号相比，射频标签的信号较弱，所以必须使用合适的传输方法，以便把射频标签的信号与阅读器的信号区别开来。在实践中，从射频标签到阅读器的数据传输一般采用负载反射调制技术将射频标签数据加载到反射回波上(尤其是针对无源射频标签系统)。时序系统则与之相反，阅读器辐射出的电磁场短时间周期性地断开，这些周期性间隔被射频标签识别出来，并用于从射频标签到阅读器的数据传输。其实，这是一种典型的雷达工作方式。时序系统的缺点是：在阅读器的发送间歇，射频标签的能量供应中断，必须通过装入足够大的辅助电容器或辅助电池进行补偿。

4.1.2 RFID 的分类及应用

在 RFID 系统中，标签和读写器是核心部件。依据两者不同的特点，可以对 RFID 进行以下分类。

1. 按照标签的供电形式

按照标签的供电形式，射频标签可以分为有源标签和无源标签两种形式。有源标签使用标签内电源提供的能量，识别距离较远(可以达到几十米甚至上百米)，但寿命相对有限，并且价格相对较高。无源标签内不含电源，工作时，从读写器的电磁场中获取能量，其重量轻、体积小，可以制作成各种薄片或者挂扣的形式，寿命很长且成本很低，但通信距离受到限制，需要较大的功率读写器。

2. 按照标签的数据调制方式

根据标签数据调制方式不同，射频标签可以分为主动式、被动式、半主动式。主动式射频标签用自身的射频能量主动发送数据给读写器，调制方式可以是调幅、调频或者调相。被动式射频标签使用调制散射的方式发送数据，必须利用读写器的载波来调制自身的基带信号，读写器可以保证只激活一定范围内的射频标签。

在实际应用中，必须给标签提供能量才能工作。主动式标签内部自带电池进行供电，因而工作可靠性高，信号传输的距离远，但其主要缺点是因为电池的存在，其使用寿命受到限制，随着电池电力的消耗，数据传输的距离也会越来越短，从而影响系统的正常工作。

被动式标签内部不带电池，要靠外界提供能量才能正常工作。被动式标签产生电能的典型装置是天线与线圈。当标签进入系统的工作区域时，天线接收到特定的电磁波，线圈就会产生感应电流，在经过整流电路时，激活电路上的微型标签给标签供电。被动式标签的主要缺点在于其传输距离较短，信号的强度受到限制，所以需要读写端的功率较大。

半主动式标签本身也带有电池，但只给标签内部数字电路供电。标签并不利用自身能量主动发送数据，只有被读写器发射的电磁信号激活时，才能传送自身的数据。

3. 按照工作频率

按照工作频率不同，RFID 分为低频、中高频、超高频和微波系统。

低频系统的工作频率一般在 30～300 kHz，其典型的工作频率是 125 kHz 和 133(134) kHz，有相应的国际标准。其基本特点是标签的成本较低，标签内保存的数据量较少，读写距离较短(通常 10 cm 左右)，电子标签外形多样，阅读天线方向性不强，这类标签在畜牧业和动物管理方面应用较多。

中高频系统的工作频率一般为 3～30 MHz，这个频段典型的 RFID 工作频率为 13.56 MHz，在这个频段上，有众多的国际标准予以支持。其基本特点是电子标签及读写器成本比较低，标签内保存的数据量较大，读写距离较远(可达到 1 m 以上)，适应性强，性能能够满足大多数场合的需要，外形一般为卡状，读写器和标签天线均有一定的方向性。目前，在我国，13.56 MHz 的 RFID 产品的应用已经非常广泛，如我国第二代居民身份证系统、北京公交"一卡通"、广州"羊城通"及大多数校园一卡通等都属于该频段 RFID 系统。图 4-2 所示为一款双天线 13.56 MHz 的门禁系统，其作用距离可达 1.2 m。

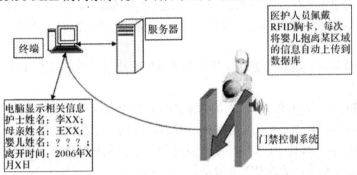

图 4-2 双天线 13.56 MHz 的 RFID 门禁系统

超高频和微波频段典型 RFID 系统的工作频率一般为 0.3～3 GHz 或者大于 3 GHz，其典型的工作频率为 433.92 MHz、862(902)～928 MHz、2.45 GHz 和 5.8 GHz。根据各频段电磁波传播的特点，可适用于不同的应用需求，例如，433 MHz 有源标签常用于近距离通信及工业控制领域；915 MHz 无源标签系统是物流领域的首选；2.45 GHz 除被广泛应用于近距离通信之外，还被广泛应用于我国的铁道运输识别管理中；5.8 GHz 的 RFID 系统作为我国电子收费系统、高速公路不停车收费系统的工作频段，率先制定了国家电子收费系统标准。

4. 按照耦合类型

按照耦合类型，RFID 分为电感耦合系统和电磁反向散射耦合系统。

在电感耦合系统中，读写器和标签之间的信号传输类似变压器模型，其原理是通过电磁感应定律实现空间高频交变磁场的耦合。电感耦合方式一般适用于中低频工作的近距离射频识别系统，其典型频率有 125 kHz、134 kHz 和 13.56 MHz。其识别距离一般小于 1 m，系统的典型作用距离为 10～20 cm。

在电磁反向散射耦合系统中，读写器在电子标签之间的通信实现依照雷达系统模型，即读写器发射出去的电磁波碰到标签目标后，由反射信号带回标签信息，依据的是电磁波的空间传输规律。电磁反向散射耦合系统一般适用于高频及微波频段工作的远距离 RFID 系统，其典型频率为 433 MHz、915 MHz、2.45 GHz 和 5.8 GHz，其识别距离一般在 1 m 以上，如 915 MHz 无源标签系统的典型作用距离为 3～15 m，被广泛应用于物流、跟踪及识别领域。

射频识别技术在北美、欧洲、澳洲、日本、韩国等国家和地区已经被广泛应用于工业自动化、商业自动化、交通运输管理等众多领域，如汽车、火车等交通监控。停车场管理系统，特殊物品管理，安全出入检查，流水线生产自动化，仓储管理，动物管理，车辆防盗等。我国射频标签应用最大的项目是第二代居民身份证。

射频识别技术未来的发展中，还可以结合其他高新技术(如全球定位系统、生物识别等)，由单一识别向功能识别方向发展。同时，还将结合现代通信及计算机技术，实现跨地区、跨行业的应用。

4.1.3　RFID 的发展历程

1948 年，哈里·斯托克曼发表的《利用反射功率的通讯》奠定了 RFID 的理论基础。20 世纪，无线电技术的理论与应用研究是科学技术发展最重要的成就之一。RFID 技术的发展可按 10 年期划分如下：

1941—1950 年，雷达的改进和应用催生了 RFID 技术，1948 年奠定了 RFID 技术的理论基础。

1951—1960 年，早期 RFID 技术的探索阶段，主要处于实验室实验研究。

1961—1970 年，RFID 技术理论得到了发展，开始了一些应用尝试。

1971—1980 年，RFID 技术与产品研发处于一个大发展时期，各种 RFID 技术测试得到加速，出现了一些最早的 RFID 应用。

1981—1990 年，RFID 技术及产品进入商业应用阶段，各种规模应用开始出现。

1991—2000 年，RFID 技术标准化问题日趋得到重视，RFID 产品得到广泛采用，逐渐成为人们生活中的一部分。

2001 年至今，标准化问题日趋为人们所重视，RFID 产品种类更加丰富，有源电子标签、无源电子标签及半无源电子标签均得到发展，电子标签成本不断降低，规模应用行业不断扩大。

近年来，RFID 低频产业规模增长幅度很大，高频市场增长较快。继 2006 年 6 月国家科学技术部联合 14 家部委发布了《中国射频识别技术政策白皮书》之后，同年 10 月，科学技术部"863"计划先进制造技术领域办公室正式发布《国家商业技术研究发展计划先进制造技术领域"射频识别技术与应用"重大项目 2006 年度课题申请指南》，投入 1.28 亿元扶持 RFID 技术的研究和应用，对我国 RFID 产业的发展起到了重要的推动作用。

4.2　RFID 系统的基本构成

最基本的 RFID 系统由标签、阅读器和天线三部分组成。其中，电子标签又称为射频标签、应答器、数据载体；阅读器又称为读写器、读出装置、扫描器、通讯器(取决于电子标签是否可以无线改写数据)。标签与阅读器之间通过耦合组件实现射频信号的空间耦合，在耦合通道内，根据时序关系实现能量传递、数据交换。

4.2.1　读写器

在 RFID 系统中，读写器是核心部件，具有举足轻重的作用。作为连接后端系统和前端标签的主要通道，读写器主要完成以下功能：

(1) 读写器和标签之间的通信功能。在规定的技术条件和标准下，读写器与标签之间可以通过天线进行通信。

(2) 读写器和计算机之间可以通过标准接口(如 RS-232、传输控制协议/网际协议、通用串行总线等)进行通信。有的读写器还可以通过标准接口与计算机网络连接，并提供本读写器的识别码、读出标签的时间等信息，以实现多个读写器在网络中运行。

(3) 能够在有效读写区域内实现多标签的同时识读，具备防碰撞的功能。

(4) 能够进行固定和移动标签的识读。

(5) 能够校验读写过程中的错误信息。

(6) 对于有源标签，能够识别与电池相关的信息，如电量等。

对于多数 RFID 应用系统，读写器和标签的行为一般由后端应用系统来完成控制。在后端应用程序与读写器的通信中，应用系统作为主动方向读写器发出若干命令，获取应用所需的数据，而读写器作为从动方作出回应，建立与标签之间的通信。在读写器和标签的通信中，读写器又作为主动方触发标签，并对所触发的标签进行认证、数据读取等，进而将获得的标签数据作为回应传给应用系统(有源标签也可以作为主动方与读写器通信)。

由此可以看出，读写器的基本作用就是作为连接前向信道和后向信道的核心数据交换环节，将标签中所含的信息传递给后端应用系统，从这个角度来看，读写器可以看作一种数据采集设备。RFID 系统的基本工作原理如图 4-3 所示。

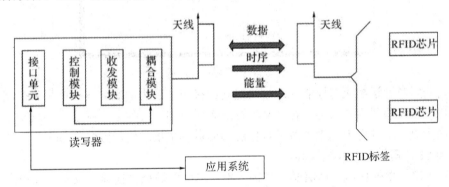

图 4-3　RFID 系统的基本工作原理

读写器的硬件通常由两部分组成：射频通道模块和控制处理模块，其硬件结构图如图 4-4 所示。

射频通道模块主要完成射频信号的处理，将信号通过天线发送出去，标签对信号作出响应，并将自身信息返回给读写器。

在射频通道模块中，一般有两个分开的信号通道，分别负责信号的发送和接收。

控制处理模块主要由解码及纠错电路、微处理器、存储器、时钟等单元组成。解码及纠错电路实现的任务主要有两个：第一，将读写器智能单元发出的命令编码变为便于调制到射频信号的编码调制信号；第二，对经过射频通道模块解调处理的标签回送信号进行处理，并将处理后的结果送入读写器的智能单元中。

从原理上讲，微处理器、存储器、时钟等单元是读写器的控制核心；从实现角度来讲，通常采用嵌入式微处理器，并通过编制相应的嵌入式微处理器控制程序实现以下功能：与后端应用程序之间的 API 规范；控制与电子标签的通信过程；执行防碰撞算法，多标签识别；对读写器与标签之间传送的数据进行加密和解密；进行读写器和标签之间的身份验证。

随着微电子技术的发展，以数字信号处理器为核心，辅助以必要的外围电路、基带信号处理和控制处理的软件化等方法,可以实现读写器对不同协议标签的兼容,改善读写器的多标签读写性,既方便了读写器的设计,又改善了读写器的性能。

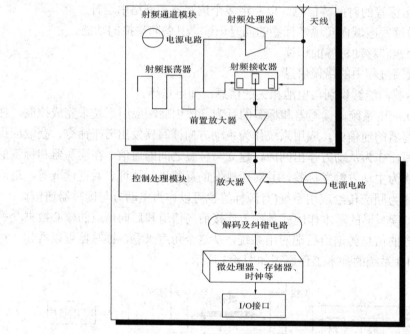

图 4-4 读写器硬件结构

读写器射频通道模块与控制处理模块之间的接口主要为调制、解调信号和控制信号。由于接口位于读写器设备内部,各厂家的标准有所不同。实际上,在接口的归属上,业内有不同的意见,不过更为一般的情况是将射频通道模块集成化,提供单芯片的射频通道模块,比如 TI 公司的 S6700 模块等。

I/O 接口与微处理器、存储器、时钟等单元之间的数据交换通过读写器接口来完成。读写器接口可以采用串口 RS-232 或 RS-485、以太网接口、USB 接口,还可以采用 802.11 b/g 天线接口。当前的发展趋势是集成多通信接口方式,甚至包括全球移动通信系统、通用分组无线业务、码分多址等无线通信接口。

根据应用系统的功能需求和不同厂商的产品接口,读写器具有各种各样的结构和外观形式。例如,根据天线和读写器模块的分离与否,可以分为分离式读写器和集成式读写器。

1. 分离式读写器

分离式读写器最常见的形式是固定式。读写器除天线外,其余部分都被封装在一个固定的外壳内构成固定式读写器,完成射频识别的功能,天线外接在读写器外壳的接口上。有时,为了减小尺寸和降低成本,也可以将天线和射频模块封装在同一个外壳中,这样就构成了集成式读写器。如图 4-5 所示为一款固定式读写器。

从固定式读写器的外观来看,它具有读写接口、电

图 4-5 固定式读写器

源接口、托架和指示灯等。如果读写器是国外厂商制造的，在电源配置上可能不统一，各种形式(如 AC110V 或 DC12V 等)都可能存在，因此，使用时必须注意产品说明书中的电源配置。

固定式读写器的另一种形式为工业专用读写器，同时这也是 RFID 的应用领域之一。这类读写器主要针对于工业应用，如矿井、畜牧、自动化生产等领域。工业用读写器大都具有现场总线接口，以便于集成到现有的设备中，此外，这类设备还要满足多种不同的应用保护需求，如矿井专用的读写器必须有防爆功能。

发卡机也是一种常见的固定式读写器，主要用于对标签进行具体内容的操作，包括建立档案、消费、挂失、补卡和信息修改等，通常与计算机放在一起。从本质上看，发卡机实际上是小型射频标签读写装置，经常与发卡管理软件联合起来使用。发卡机的主要特点是发射功率小、读写距离短，所以，通常只固定在某一地点，用于标签发行及为标签使用者提供挂失、充值等各种服务。

2. 集成式读写器

便携式(或简称为手持式)读写器是典型的集成式读写器，是适合用户手持使用的一类 RFID 读写装置，常用于动物识别、巡检、付款扫描、测试、稽查和仓库盘点等场合。从外观上看，便携式读写器一般带有液晶显示屏，并配有键盘进行操作或者输入数据，也可以通过各种接口来实现与计算机的通信。与固定式读写器的不同在于，便携式读写器可能会对系统本身的数据存储量有要求，同时对某些功能进行了一定的缩减，如有些仅限于读取标签数据，或读写距离有所缩短等。

便携式读写器一般采用大容量可充电的电池进行供电，操作系统可以采用 WinCE、Linux 等嵌入式操作系统。根据使用环境的不同，便携式读写器还需要具备一些其他特性，如防水、防尘等。

随着条形码的大量使用，可以在便携式读写器上加一个条形码扫描模块，使之同时具备 RFID 识别和条形码扫描的功能。部分读写器甚至还加上了红外、蓝牙及全球移动通信系统等功能，图 4-6 所示为一款便携式 RFID 读写器。

从原理上讲，便携式读写器的基本工作原理与一般读写器大致相同，同时还具有以下一些自身的特性。

(1) 省电设计。便携式读写器由于要自带电源工作，因而其所有电源需求大多由内部电池供给。由于读写功率要求、电源转换效率和对设备长时间工作的期望等因素，省电设计已经成为便携式读写器需要考虑的重要问题之一。

图 4-6　便携式 RFID 读写器

(2) 自带操作系统或监控程序。由于便携式读写器在大多数情况下是独立工作的，因此必须具备小型操作系统。一种较为简便的处理方法是采用监控程序代替操作系统，但系统的可扩展性会受到较大的影响。

(3) 天线与读写器的一体化设计。便携式的特点决定了读写器主机与天线应当采用一体化的设计方案，在个别情况下，也可以采用可替换的外接天线，以满足不同读写范围和距离的要求。

（4）目前，便携式读写器的需求量很大，其价格可能更低。通常情况下，便携式读写器是一种功能有缩减、适合短时工作、成本相对低廉且方便手持的设备。在成熟的 RFID 应用系统中，便携式读写器很可能是应用最为广泛的一类设备。大多数 RFID 系统都需要配备便携式读写器。

4.2.2　标签

1. 概述

射频标签即 RFID 标签(或称为电子标签、射频卡)，其中有源标签除了没有与计算机接口的电路外，有点类似于读写器，其本身就是终端机具。下面主要讨论无源标签，它是由集成电路芯片和微型天线组成的超小型标签。标签中一般保存约定格式的电子数据，在实际应用中，标签附着在待识别物体的表面，存储在芯片中的数据可以由读写器通过电磁波以非接触的方式读取，并通过读写器的处理器进行信息的解读，可以修改和管理。RFID 标签是一种非接触式的自动识别技术，可以理解为目前使用的条形码的无线版本。无源标签的大规模生产十分方便，并能够避免日常维护的麻烦，因此，RFID 标签的应用将给零售、物流、身份识别、防伪等产业带来革命性的变化。

RFID 射频系统工作时，读写器发出查询信号，标签收到该信号后，将一部分整流为直流电源提供给无源标签内的电路工作，另一部分能量信号将电子标签内保存的数据信息调制后返回读写器，读写器接收反射信号后从中提取信息。在系统工作过程中，读写器发出的信号和接收反射回来的信号是同时进行的，但反射信号的强度比发射信号要弱得多。

标签是物品身份及属性的信息载体，是一个可以通过无线通信、随时读写的"条形码"，加上其他优点，如数据存储量相对较大，数据安全性较高，可以多标签同时识读等，使得 RFID 的应用前景十分广阔。

在此说明 RFID 标签和条形码的共性与区别。条形码在提高商品流通效率方面起到了积极的作用，但是自身也存在一些无法克服的缺陷。比如，扫描仪必须"看到"条形码才能读取，因此，工作人员必须亲手扫描每件商品，将商品条码接近光学读写器，才能读取商品信息，不仅效率低，而且容易出现差错。另外，如果条码被撕裂、污损或者丢失，扫描仪将无法扫描。此外，条形码的信息容量有限，通常只能记录生产厂商和商品类别，即使目前最先进的二维条形码，对于沃尔玛或者联邦快递这样的使用者来说，信息量的可用程度已经捉襟见肘。其更大的缺陷在于用红外设备进行扫描，无法穿透商品包装，更难以实现大批量或移动物品的识别与统计。

RFID 的出现使得这一情况大大改观。RFID 可以让物品实现真正的自动化管理，不再需要接触式扫描。在 RFID 标签中，存储着可以互用的规范信息，通过无线通信可以将其自动采集到计算机信息系统中，RFID 标签可以以任意形状附带在包装中，不需要条形码那样固定占用某块空间。另一方面，RFID 不需要人工去识别标签，读写器也可以以一定的时间间隔在其作用范围内扫描，从而得到商品的位置和相关数据。在电视台新闻节目中，德国总理默克尔推着满满一车刚刚从超市采购的商品穿过 RFID 读写器，然后直接结账的镜头展示了这一技术的方便可用性。这也直观地指出了 RFID 和条形码最大的区别。

这里需要说明的是，RFID 标签和 RFID 系统的成本比条形码高很多，因此，条形码的存在仍然是长期的，龙其是低端类产品的标识。目前，RFID 标签可能更适合高端产品或者包装箱。RFID 和条形码的并存形成了良好的互补，例如，很多商家将已装箱内的物品以条形码标识，而在包装箱(或托盘、集装箱等)外使用 RFID 标签(包含箱的识别号和箱内物品的品种及数量等)，这是一种非常科学的搭配使用方法。

根据射频识别系统不同的应用场合和不同的技术性能参数，考虑到系统的成本、环境等要求，可以将 RFID 标签采用不同材料封装成不同厚度、不同大小、不同形状的标签。下面介绍几种不同形状的标签。

(1) 信用卡与半信用卡标签。信用卡标签和半信用卡标签是电子标签常见的形式，其外观大小类似于信用卡，厚度一般不超过 3 mm。

(2) 线形标签。线形标签的形状主要由附着的物品形状决定，如固定在卡车车架上或者异形集装箱等大型货物的识别。

(3) 盘形标签。盘形标签是将标签放置在内烯脂、丁二烯、苯乙烯喷铸的外壳里，直径从几毫米到 10 cm。在中心处，大多有一个用于固定螺钉的圆孔，适用的温度范围较大，如动物的耳标，如图 4-7 所示。

图 4-7　盘形标签

(4) 自粘标签。自粘标签既薄又灵活，可以理解为一种薄膜型构造的标签，通过丝网印刷或刻蚀技术，将标签安放在只有 0.1 mm 厚的塑料膜上。这种薄膜往往与一层纸胶粘合在一起，并在背后涂上胶粘剂。具有自粘能力的电子标签可以方便地附着在需要识别的物品上，可以做成具有一次性粘贴或者多次粘贴的形式，主要取决于具体应用的不同需求，如图 4-8 所示。

图 4-8　自粘标签

(5) 片上线圈。为了进一步微型化，可以将电子标签的线圈和芯片结合成整体，即片上线圈。片上线圈是通过特殊的微型电镀过程实现的，这种微型电镀过程可以在普通的互补金属氧化物 MOS 生产工艺片上进行。线圈作平面螺旋线直接排列在绝缘的硅芯片上，并通过钝化层中的掩膜孔与其下的电路触点接通，这样，可以得到宽度为 5～10 μm 的导线。为了保证线圈和芯片结合体中的非接触存储器组件的机械承受能力，最后要用聚酰胺进行钝化。

(6) 其他标签。除了以上主要的结构形式外，还有一些专门应用的特殊结构标签，如飞利浦公司的塑料 RFID 标签。

作为射频识别系统的重要组成部分，标签中也含有天线。作为射频标签的天线必须满足以下性能要求：足够小，以至能够制造在尺寸本来就很小的标签上；有全向或半球覆盖的方向性；提供最大可能的信号给标签的芯片，并供应标签能量；无论标签处于什么方向，天线的极化都能与读写器的发射信号相匹配；具有鲁棒性；作为耗损件的一部分，天线的价格必须非常便宜。因此，在选择标签的天线时，必须考虑以下因素：天线的类型，天线的阻抗，应用到电子标签上后的性能变化，在有其他物品围绕贴标签物品时天线的性能。

在实际应用系统中，标签的使用有两种基本形式：一种是标签移动，通过固定的读写器来识别；另一种是标签不动，通过手持机等移动式读写器识别。考虑到天线的阻抗、辐射模式、局部结构、作用距离等因索的影响，为了以最大功率传输，天线后端芯片的输入阻抗必须和天线的输出阻抗匹配。

针对不同应用的电子标签，需要采取不同形式的天线，因此会具有不同的性能。

电子标签可能有两种形式：一种是自我供电的(主动型)，另一种需要从外界获得电力(被动性)，通常情况下，读取器或者混合物同时使用外部和内部的电力资源。与标签有关的信息都被分成标签数据和物品信息。标签数据包含支持标签运行所需的数据，如标签机密(密匙)、唯一标识符等。另一方面，物品信息由与物品相关的数据(如产品描述、所有权、生产商等)或者产品相关的行为及服务(如进厂管控程序、库存管理等)组成。

为了使电子标签系统从经济角度考虑可行而设定了严格的限制，主要是在标签方面，标签需要在电力、空间和时间上都高效运行。然而，这些限制也引发了安全性和隐私方面的问题，因为类似于公用密钥加密技术的解决方案已经不适用了，需要其他高效的替代方案。

Chien 提出了一个粗略分级的电子标签授权协议，它是建立在由标签支持的内存消耗及计算运行的基础之上的。如表 4-1 所示，根据硬件要求递减次序，可以将协议分为四个等级，即重量级、简单级、轻量级、超轻量级。为了保证标签持有者的隐私并提供充分的安全性，一份安全协议需要满足以下重要的条件。

(1) 标签模拟抵制力：对方不能够模拟合法读取器的标签。

(2) 读取器模拟抵制力：对方不能够模拟合法标签的读取器或者服务器。

(3) 拒绝服务器攻击抵制力：在一定时期内的操控或阻断标签与读取器之间的连接不能够防止任何未来合法读取器与标签之间的相互作用。这类攻击通常也被称作同步化攻击。

(4) 不可分辨性(签匿名)：标签的产生必须是随机的，而且它们也必须与标签的静态内存毫无关联。为了能够达到严格的标签匿名的状态，进一步规定：第一，前向安全/不可跟踪：即使对手获得目标标签的所有内部信息，也不能据此推断出其与过去的关联活动。第二，后向安全/不可跟踪：同前向安全一样，即使对方获得当前信息，也不能推断出其未来的关联活动。

表 4-1　电子标签安全协议书硬件分类

类别	硬 件 要 求
重量级	传统加密函数
简单级	加密单程哈希函数
轻量级	随机数字发生器及简单函数，如循环多余代码校验
超轻量级	简单按位运算，如与或非等

一套理想的标签管理操作包括如下内容：

(1) 标签认证：读取器/后端系统应该能够鉴别标签。

(2) 可撤销的存取授权：该功能允许第三方、标签认证方和读取方存取拥有的标签，同时保留在某些预定义条件下撤销该权限的权利。

(3) 所有权转移：将标签的所有权转移至第三方的能力，不会影响涉及方的后向不可追溯性或前一个所有者的前向不可追溯性。

(4) 永久和暂时标签失效：通常被称为破坏和休眠操作，最初用于提供标签的最低级别命令。合法的标签拥有者可以发出命令来阻止标签发射任何信号。休眠操作时，其他所有者可以轻易地撤销这种通信禁令。实施上述操作非常容易，也可以通过物理方式来实现，如破坏标签或将其放置于法拉第屏蔽内。

2. 依据 RFID 工作频率对标签分类

射频标签的工作频率也就是射频识别系统的工作频率，是其最重要的特点之一。射频标签的工作频率不仅决定着射频识别系统的工作原理(电感耦合还是电磁耦合)、识别距离，还决定着射频标签及读写器实现的难易程度和设备的成本。

工作在不同频段或频点上的射频标签具有不同的特点。射频识别应用占据的频段或频点在国际上有公认的划分，即位于 ISM 波段之中，典型的工作频率有 125 kHz、133 kHz、13.56 MHz、27.12 MHz、433 MHz、902～928 MHz、2.45 GHz、5.8 GHz 等。从工作频率上，可将标签分为以下几类。

(1) 低频段射频标签。低频段射频标签，简称低频标签，其工作频率范围为 30 kHz～300 kHz，典型的工作频率有 125 kHz、133 kHz。低频标签一般为无源标签，其工作能量通过电感耦合方式从阅读器耦合线圈的辐射近场中获得，低频标签与阅读器之间传送数据时，低频标签需位于阅读器天线辐射的近场区内，低频标签的阅读距离一般情况下小于 1 m。

低频标签的典型应用有：动物识别、容器识别、工具识别、电子闭锁防盗(带有内置应答器的汽车钥匙)等。与低频标签相关的国际标准有 ISO11784/11785(用于动物识别)、ISO18000—2(125～135 kHz)。低频标签有多种外观形式，应用于动物识别的低频标签外观有项圈式、耳牌式、注射式、药丸式等典型应用的动物有牛、信鸽等。

低频标签的优势主要体现在：标签芯片一般采用普通的 CMOS 工艺，具有省电、廉价的特点；工作频率不受无线电频率的管制约束；可以穿透水、有机组织、木材等；非常适合近距离、低速度、数据量要求较少的识别应用(例如动物识别)等。

低频标签的劣势主要体现在：标签存储的数据量较少；只能适合低速、近距离识别应用；与高频标签相比标签天线匝数更多，成本更高一些。

(2) 中高频段射频标签。中高频段射频标签的工作频率一般为 3 MHz～30 MHz，典型的工作频率为 13.56 MHz。该频段的射频标签，从射频识别应用角度来说，因其工作原理与低频标签完全相同，即采用电感耦合方式工作，所以宜将其归为低频标签类中。另一方面，根据无线电频率的一般划分，其工作频段又称为高频，所以也常将其称为高频标签。鉴于该频段的射频标签可能是实际应用中最大量的一种射频标签，因而我们只要将高、低理解为一个相对的概念，即不会造成理解上的混乱。为了便于叙述，我们将其称为中频射频标签。

中频标签一般采用无源为主，其工作原理同低频标签一样，其能量也是通过电感(磁)耦合方式从阅读器耦合线圈的辐射近场中获得。标签与阅读器进行数据交换时，标签必须位于阅读器天线辐射的近场区内。中频标签的阅读距离一般情况下也小于 1 m。

中频标签由于可方便地做成卡状，其典型应用包括电子车票、电子身份证、电子闭锁防盗(电子遥控门锁控制器)等。相关的国际标准有 ISO14443、ISO15693、ISO18000—3(13.56 MHz)等。

中频标签的基本特点与低频标签相似，但由于其工作频率的提高，可以选用较高的数据传输速率。射频标签天线设计相对简单，一般制成标准卡片形状。

(3) 超高频与微波射频识别标签。超高频与微波频段的射频标签，简称为微波射频标签，其典型工作频率为 433.92 MHz、862(902)～928 MHz、2.45 GHz、5.8 GHz。微波射频标签可分为有源标签与无源标签两类。工作时，射频标签位于阅读器天线辐射场内，标签与阅读器之间的耦合方式为电磁耦合方式。阅读器天线辐射场为无源标签提供射频能量，将有源标签唤醒。相应的射频识别系统阅读距离一般大于 1 m，典型情况为 4～6 m，最大可达 10 m 以上。阅读器天线一般均为定向天线，只有在阅读器天线定向波束范围内的射频标签可被读/写。

由于阅读距离的增加，实际应用中有可能在阅读区域中同时出现多个射频标签的情况，从而提出了多标签同时读取的需求，进而这种需求发展成为一种潮流。目前，先进的射频识别系统均将多标签识读问题作为系统的一个重要特征。

以目前的技术水平，无源微波射频标签比较成功的产品相对集中在 902～928 MHz 工作频段上。2.45 GHz 和 5.8 GHz 射频识别系统多以半无源微波射频标签产品面世。半无源标签一般采用钮扣电池供电，具有较远的阅读距离。

微波射频标签的典型特点主要集中在是否无源、无线读写距离、是否支持多标签读写、是否适合高速识别应用、读写器的发射功率容限、射频标签及读写器的价格等方面。典型的微波射频标签的识读距离为 3～5 m，有个别达 10 m 或 10 m 以上的产品。对于可无线写的射频标签而言，通常情况下，写入距离要小于识读距离，因为写入要求更大的能量。

微波射频标签的数据存储容量一般限定在 2 KB 以内，再大的存储容量似乎没有太大的意义，从技术及应用的角度来说，微波射频标签并不适合作为大量数据的载体，其主要功能在于标识物品并完成无接触的识别过程。典型的数据容量指标有 1 KB、128 B、64 B 等。由 Auto-ID Center 制定的产品电子代码 EPC 的容量为 90 B。

微波射频标签的典型应用包括移动车辆识别、电子身份证、仓储物流应用、电子闭锁防盗(电子遥控门锁控制器)等。相关的国际标准有 ISO10374，ISO18000—4(2.45 GHz)、—5(5.8 GHz)、—6(860～930 MHz)、—7(433.92 MHz)、ANSI NCITS256—1999 等。

4.2.3　天线

RFID 天线在标签和读取器间传递射频信号，天线的目标是传输最大的能量进出标签芯片。RFID 天线必须具有以下特征：(1) 足够小，以至于能够贴到需要的物品上；(2) 有全向或半球覆盖的方向性；(3) 提供最大可能的信号给标签的芯片；(4) 无论物品什么方向，天线的极化都能与读卡机的询问信号相匹配；(5) 具有鲁棒性；(6) 价格非常便宜。

天线的主要特性参数有工作频率、频带宽度、增益、极化方向和波瓣宽度等。

1. 天线的工作频率和频带宽度

天线的工作频率和频带宽度应当符合 RFID 系统的频率要求，如我国市场上典型的超高频系统的天线中心频率为 915 MHz，带宽为 26 MHz。

2. 天线的增益

天线的增益定义为：在输入功率相等的条件下，实际天线在其最大辐射方向上某点产生的功率密度与理想的辐射单元在空间同一点处所产生的信号功率密度之比。它定量地描述了一个天线把输入功率集中辐射到某个方向上的程度。增益显然与天线的方向图有密切的联系，方向图主瓣越窄、副瓣越小，增益就越高。增益的实质就是，从最大辐射方向上的辐射效果来说，与原方向性的理想点辐射源相比把功率放大的倍数。例如，915 MHz RFID 系统中常用的一款天线的增益为 6～8 dB。

3. 天线的极化方向

天线向周围空间辐射电磁波，电磁波由电场分量和磁场分量构成，在 RFID 工程应用中，电场分量的方向定义为天线的极化方向。天线的极化方式分为线极化(水平极化和垂直极化)和圆极化(左旋圆极化和右旋圆极化)等。不同的 RFID 系统采用的天线极化方式可能不同。有些方向性比较明确的应用可以采用线极化的方式，但在大多数场合中，由于标签的放置方向可能是随机的，所以，很多系统采用了圆极化和线极化相结合的方式，使系统对标签的方位敏感性降低。

4. 天线的波瓣宽度

将天线最大辐射方向两侧的辐射强度降低 3 dB 的两点间的夹角定义为波瓣宽度(又称为波束宽度、主瓣宽度、半功率角)。波瓣宽度越窄，方向性越好，作用距离越远，抗干扰能力越强，但同时天线的覆盖范围也越小。在实际应用中，要根据不同的环境进行选择。

具体到 RFID 系统的应用中，读写器必须通过天线来发射能量以形成电磁场，通过电磁场来对电子标签进行识别，因此，天线也是 RFID 系统的重要组成部分。按照天线的基本原理，它所形成的电磁场范围就是射频系统的可读区域，任意一个 RFID 系统至少应该包含一根天线(无沦是内置还是外置)，以发射和接收射频电磁信号。有些 RFID 读写器是由一根天线同时完成发射和接收的；也有些 RFID 读写器由一根天线完成发射，而由另一根天线承担接收的功能，所采用的天线形式及数量应视具体应用而定。

在电感耦合 RFID 系统中，可以根据读写器的频率范围和使用的不同方法，将天线线圈连接到读写器发送器的射频输出端，通过功率匹配，将功率输出极直接连接到天线，或者通过同轴电缆送到天线线圈。前者适用于低频读写器，而后者则适用于高频和部分低频读写器产品。

这里需要强调一个概念性问题：在很多场合，人们喜欢将 RFID 的通信距离作为天线的性能指标，这是不妥的，天线本身也没有作用距离的指标。通信距离主要由读写器发射功率、天线性能及标签灵敏度共同决定。例如，其他条件不变，读写器发射功率越大，通信距离就会越远；当其他条件不变，增益越高的天线，作用距离越远，但波束宽度会降低。

天线设计是 RFID 系统的重要关键技术之一。读写器天线有时候也作为独立的终端机出售和使用，此时天线就是独立的产品。如果是有源标签，其天线设计类似于读写器天线；如果是无源标签，其微型天线的设计、加工、贴焊是标签的关键技术之一，也是标签附加值最高的部分。天线涉及的内容较丰富，本书不作为重点详述，请参阅专业的天线设计书籍。

4.3 RFID 中间件

RFID 产业潜力无穷，应用的范围遍及制造、物流、医疗、运输、零售、国防等。其创新之关键除了标签的价格、天线的设计、波段的标准化、设备的认证之外，最重要的是要有关键的应用软件，才能得以迅速推广。而中间件(Middleware)可称作 RFID 运作的中枢，加速了关键应用的问世。

传统应用程序与应用程序之间数据通信通过中间件架构来解决，并发展出各种应用软件；同理，中间件的架构设计解决方案便成为 RFID 应用的一项极为重要的核心技术。

1. RFID 中间件的三个发展阶段

从发展趋势看，RFID 中间件可分为三大发展阶段。

(1) 应用程序中间件(Application Middleware)发展阶段：RFID 初期的发展多以整合、串接 RFID 读写器为目的，本阶段多为 RFID 读写器厂商主动提供简单 API，以供企业将后端系统与 RFID 读写器串接。从整体发展架构来看，此时企业的导入须自行花费许多成本去处理前后端系统连接的问题，通常企业在本阶段会通过小规模试验的方式来评估成本效益与导入的关键议题。

(2) 架构中间件(Infrastructure Middleware)发展阶段：本阶段是 RFID 中间件成长的关键阶段。由于 RFID 的强大应用，Wal Mart 与美国国防部等关键使用者相继进行 RFID 技术的规划，促使各国际大厂持续关注 RFID 相关市场的发展。本阶段 RFID 中间件的发展不但已经具备基本数据搜集、过滤等功能，同时也能满足企业多对多的连接需求，并具备平台的管理与维护功能。

(3) 解决方案中间件(Solution Middleware)发展阶段：在 RFID 标签、读写器与中间件发展成熟过程中，各厂商针对不同领域提出各项创新应用解决方案，例如 Manhattan Associates 提出 "RFID in a Box"，企业不需再为前端 RFID 硬件与后端应用系统的连接而烦恼，该公司在 RFID 硬件端发展 Microsoft .Net 平台为基础的中间件，针对该公司 900 家的已有供应链客户群发展 SCE(Supply Chain Execution)执行供应链方案，企业只需通过 "RFID in a Box"，就可以在原有应用系统上快速利用 RFID 来加强供应链管理的透明度。

2. RFID 中间件两个应用方向

随着硬件技术逐渐成熟，庞大的软件市场促使国内外信息服务厂商持续注意与提早投入到 RFID 应用软件，RFID 中间件在各项 RFID 产业应用中具有神经中枢的重要作用，受到国际厂商的特别关注，未来在应用上可朝着下列方向发展：

(1) 面向服务架构的 RFID 中间件：面向服务架构(SOA)的目标就是建立沟通标准，突破应用程序与应用程序沟通的障碍，实现商业流程自动化，支持商业模式的创新，让 IT 变得更灵活，从而更快地响应需求。因此，RFID 中间件在未来发展上，将会以面向服务架构为基础的趋势，为企业提供更弹性灵活的服务。

(2) 安全问题：RFID 应用最让外界质疑的是 RFID 后端系统所连接的大量厂商数据库可能引发的商业信息安全问题，尤其是消费者的信息隐私权。通过大量 RFID 读写器的布置，人类的生活与行为将因 RFID 而容易追踪，英国最大的 RFID 零售商 Wal Mart、Tesco 初期都因为用户隐私权问题而遭受过抵制与抗议。为此，飞利浦半导体等厂商已经开始在批量生产的 RFID 芯片上加入 "屏蔽" 功能。RSA Security 也发布了能成功干扰 RFID 信号的 "RSA Blocker 标签" 技术，通过发射无线射频扰乱 RFID 读写器，让 RFID 读写器误以为搜集到的是垃圾信息而错失数据，从而达到保护消费者隐私权的目的。目前 Auto-ID Center 也正在研究安全机制以配合 RFID 中间件的工作，相信安全问题将是 RFID 未来发展的重点之一，也是成功的关键因素。

3. RFID 中间件原理

RFID 中间件是一种面向消息的中间件，信息(Information)是以消息(Message)的有效表达形式，从一个程序传送到另一个或多个程序。信息可以以异步的方式传送，所以传送者不必等待回应，面向消息的中间件包含的功能不仅是传递信息，还必须包括解译数据、安全性、数据广播、错误恢复、定位网络资源、找出符合成本的路径、消息与要求的优先次序以及延伸的除错工具等服务。

4. RFID 中间件分类

RFID 中间件可以从架构上分为两种。

(1) 以应用程序为中心的 RFID 中间件，通过 RFID 读写器厂商提供的应用程序接口，以代码方式直接编写特定读写器读取数据的适配器，并传送至后端系统的应用程序或数据库，从而达成与后端系统或服务串接的目的。

(2) 以架构为中心的 RFID 中间件，随着企业应用系统的复杂度增高，企业无法负荷以代码方式为每个应用程序编写读取数据的适配器，同时面对对象标准化等问题，企业可以考虑采用厂商所提供的标准规格的 RFID 中间件。这样一来，即使出现存储 RFID 标签数据的数据库软件被其他软件所代替，或出现读写 RFID 标签的 RFID 阅读器种类增加等情况时，应用端不做修改也能应对。

5. RFID 中间件的特征

一般来说，RFID 中间件具有下列特色。

(1) 独立于架构，RFID 中间件介于 RFID 读写器与后端应用程序之间，并且能够与多个 RFID 读写器以及多个后端应用程序连接，以减轻架构与维护的复杂性。

(2) 数据流，RFID 的主要目的在于将实体对象转换为信息环境下的虚拟对象，因此数据处理是 RFID 最重要的功能。RFID 中间件具有数据的搜集、过滤、整合与传递等特性，以便将正确的对象信息传到企业后端的应用系统。

(3) 处理流，RFID 中间件采用程序逻辑及存储再转送的功能来提供顺序的消息流，具有数据流设计与管理的能力。

(4) 标准，RFID 是自动数据采样技术与辨识实体对象的应用，目前，正在研究为各种产品的全球唯一识别号码提出通用标准，即 EPC(产品电子编码)。EPC 是在供应链系统中，以一串数字来识别一项特定的商品，通过无线射频辨识标签由 RFID 读写器读入后，传送到计算机或是应用系统中的过程称为对象命名服务(ONS)。对象命名服务系统会锁定计算机网络中的固定点抓取有关商品的消息。EPC 存放在 RFID 标签中，被 RFID 读写器读出后，即可提供追踪 EPC 所代表的物品名称及相关信息，并立即识别及分享供应链中的物品数据，以提供信息透明度。

第五章　无线射频芯片 CC2430

5.1　主　要　特　性

　　CC2430 是 TI 公司为 Zigbee 应用方案量身定做的一款 SOC 芯片，在单个芯片上整合了一个高性能的 RF 收发器 CC2420、一个增强功能的 8051 内核、8 KB 的 RAM，以及其他一些强大的功能模块。根据内置 Flash 大小的不同，CC2430 又包括 3 个版本：CC2430F32/64/128，它们的 FLASH 大小分别为 32 KB、64 KB 和 128 KB。CC2430 采用 0.18 μm CMOS 工艺制成，在接收和发射模式下，电流损耗分别低于 27 mA 和 25 mA。CC2430 具有休眠模式和短时间切换到主动模式的功能，非常适合于电池供电，以及需要长时间工作的场合。

　　CC2430 芯片的主要特性如下：

　◆ 高性能和低功耗的 8051 微控制器核。

　◆ 集成符合 IEEE 802.15.4 标准的 2.4 GHz 的 RF 无线电收发机。

　◆ 优良的无线接收灵敏度和强大的抗干扰性。

　◆ 在休眠模式时仅有 0.9 μA 的流耗，外部的中断或 RTC 能唤醒系统在待机模式时少于 0.6 μA 的流耗，外部的中断能唤醒系统。

　◆ 硬件支持 CSMA/CA 功能。

　◆ 较宽的电压范围(2.0～3.6 V)。

　◆ 数字化的 RSSI/LQI 支持 DMA 功能。

　◆ 具有电池监测和温度感测功能。

　◆ 集成了 14 位模数转换的 ADC。

　◆ 集成 AES 安全协处理器。

　◆ 带有 2 个强大的支持几组协议的 USART，1 个符合 IEEE 802.15.4 规范的 MAC 计时器，1 个常规的 16 位计时器和 2 个 8 位计时器。

　◆ 强大而灵活的开发工具。

5.2　引脚和 I/O 口配置

　　CC2430 芯片采用 7 mm × 7 mm 的 QLP 封装，共有 48 个外部引脚，如图 5-1 所示，全部的引脚可分为 I/O 功能引脚、电源线引脚和控制线引脚三类。在 CC2430 芯片的内面，是一个裸露的接地衬垫，在设计 PCB 时，这个衬垫应该接地处理。

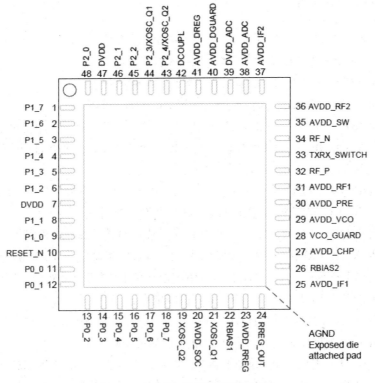

图 5-1　CC2430 外部管脚的顶视图

5.2.1　I/O 功能引脚

CC2430 有 21 个可编程的 I/O 引脚，分为三组 P0、P1 和 P2，其中 P0、P1 口是完全的 8 位口，P2 口只有 5 个可使用的位。这些 I/O 端口可以通过特殊功能寄存器进行位寻址，也可以进行字节寻址。通过软件设定 SFR 寄存器的相关位，可将这些引脚配置为通常的 I/O 口或作为其他可选的特殊功能。

I/O 口有以下的关键特性：

(1) 可配置的数字输入\输出口。

(2) 可设置为 GPIO 口使用。

(3) 输入时有上拉和下拉能力。

(4) 具有响应外部中断的能力。

全部 21 个数字 I/O 口引脚都具有响应外部中断的能力。因此，外部设备可以产生中断信号，在需要时，外部中断事件也可用来把系统从休眠模式中唤醒。相关的引脚描述如下：

◆ 1～6 脚(P1_2～P1_7)：具有 4 mA 输出驱动能力。

◆ 8～9 脚(P1_0～P1_1)：具有 20 mA 的驱动能力。

◆ 11～18 脚(P0_0～P0_7)：具有 4 mA 输出驱动能力。

◆ 43，44，45，46，48 脚(P2_4，P2_3，P2_2，P2_1，P2_0)：具有 4 mA 输出驱动能力。

5.2.2　电源线引脚功能

电源线相关的引脚描述如下：

◆ 7 脚(DVDD)：为 I/O 口提供 2.0～3.6 V 的工作电压。

◆ 20 脚(AVDD_SOC)：为模拟电路连接 2.0～3.6 V 的电压。

◆ 23 脚(AVDD_RREG)：为模拟电路连接 2.0～3.6 V 的电压。

◆ 24 脚(RREG_OUT)：为 25，27～31，35～40 引脚提供 1.8 V 的稳定电压输出。

◆ 25 脚(AVDD_IF1)：为接收器波段滤波器、模拟测试模块和 VGA 的第一部分电路提供 1.8 V 电压。

◆ 27 脚(AVDD_CHP)：为环状滤波器的第一部分电路和充电泵提供 1.8 V 电压。

◆ 28 脚(VCO_GUARD)：VCO 屏蔽电路的报警连接端口。

◆ 29 脚(AVDD_VCO)：为 VCO 和 PLL 环滤波器的最后部分电路提供 1.8 V 电压。

◆ 30 脚(AVDD_PRE)：为预定标器、Div 2 和 LO 缓冲器提供 1.8 V 的电压。

◆ 31 脚(AVDD_RF1)：为 LNA、前置偏置电路和 PA 提供 1.8 V 的电压。

◆ 33 脚(TXRX_SWITCH)：为 PA 提供调整电压。

◆ 35 脚(AVDD_SW)：为 LNA/PA 交换电路提供 1.8 V 电压。

◆ 36 脚(AVDD_RF2)：为接收和发射混频器提供 1.8 V 电压。

◆ 37 脚(AVDD_IF2)：为低通滤波器和 VGA 的最后部分电路提供 1.8 V 电压。

◆ 38 脚(AVDD_ADC)：为 ADC 和 DAC 的模拟电路部分提供 1.8 V 电压。

◆ 41 脚(AVDD_DREG)：向电压调节器核心提供 2.0～3.6 V 电压。

◆ 42 脚(DCOUPL)：提供 1.8 V 的去耦电压，此电压不为外电路所使用。

◆ 47 脚(DVDD)：为 I/O 端口提供 2.0～3.6 V 电压。

5.2.3　控制线引脚功能

CC2430 其余的管脚为控制功能，提供复位、晶振和射频等相关信号。具体作用如下：

◆ 10 脚(RESET_N)：复位引脚，低电平有效。

◆ 19 脚(XOSC_Q2)：32 MHz 的晶振引脚 2。

◆ 21 脚(XOSC_Q1)：32 MHz 的晶振引脚 1，或外部时钟输入引脚。

◆ 22 脚(RBIAS1)：为参考电流提供精确的偏置电阻。

◆ 26 脚(RBIAS2)：提供精确电阻，43 kΩ，±1%。

◆ 32 脚(RF_P)：在 RX 期间向 LNA 输入正向射频信号；在 TX 期间接收来自 PA 的输入正向射频信号。

◆ 34 脚(RF_N)：在 RX 期间向 LNA 输入负向射频信号；在 TX 期间接收来自 PA 的输入负向射频信号。

◆ 43 脚(P2_4/XOSC_Q2)：32.768 kHz XOSC 的 2.3 端口。

◆ 44 脚(P2_4/XOSC_Q1)：32.768 kHz XOSC 的 2.4 端口。

5.3　CC2430 CPU 介绍

　　CC2430 包含了一个增强功能的 8051 内核，该内核使用标准的 8051 指令集，但是不同于传统的 8051 中一个机器周期需要 12 个振荡周期，CC2430 的一个机器周期只需要一个振荡周期即可完成，能够提供高达 8 倍于传统 8051 内核的性能。除了在速度方面的改进外，CC2430 在系统架构方面也做了一些改进，包括第二个数据指针和扩展的 18 个中断源。

　　CC2430 兼容标准的 8051 指令，即 CC2430 的目标代码与标准 51 的目标代码是完全兼容的，我们可以使用标准的 8051 编译器和汇编器，如 Keil、IAR 进行 CC2430 的代码编译工作。但是，因为 CC2430 在指令频率和外设方面的扩展，当用到延时处理和相关的外设时，应特别小心。

5.3.1　复位

　　CC2430 有 3 个复位源，下面的事件均会导致一个复位产生：

　　(1) 强置 RESET_N 输入引脚为低电平；

　　(2) 电源启动复位；

　　(3) 看门狗定时器复位；

　　复位以后，所有的 I/O 管脚被配置为上拉输入，CPU 的 PC 指针变为 0，程序从此处开始执行，所有的外设变为初始状态，看门狗定时器被禁止。

5.3.2　内存

　　CC2430 上有 4 种不同的内存空间：

　　(1) 程序代码区(CODE)：16 位的只读存储器空间，用于存储程序代码。

　　(2) 数据区(DATA)：8 位可读写数据空间，可以在单指令周期内直接或者间接地访问到，其中低 128 字节的空间可以直接或者间接访问，高 128 字节只能间接访问。

　　(3) 外部数据区(XDATA)：16 位可读写数据空间，访问时需要 4～5 个指令周期，访问 XDATA 空间要比访问 DATA 空间慢很多，因为程序存储空间和外部数据空间共享 CPU 上的总线，在操作 XDATA 数据的时候，程序代码的预取指令并行进行。

　　(4) 特殊功能寄存器(SFR)：7 位可读写寄存器，可以直接在单周期内访问，对于地址是 8 的倍数的空间，还可以进行位寻址。

　　以上 4 种不同的存储空间不同于传统的 8051 结构，为了使 DMA 控制器能存取全部物理内存空间，全部物理空间都映射到 XDATA 内存空间。程序代码空间也可以选择，因此，全部物理空间可以统一映射到程序代码空间。

5.3.3　数据指针

　　CC2430 有 2 个数据指针(DPTRO 和 DPTRI)，主要用于代码和外部数据的存取。例如：

```
MOVC    A, @A+DPTR
MOV     A, @DPTR
```

两个数据指针的宽度均为两个字节。在数据指针中，通过设置 DPS 寄存器就可以选择哪个指针在指令执行时有效(见表 5-1)。

表 5-1　DPS(0x92)的数据指针选择

比特位	名称	复位	R/W(读写)	描　　述
7:1	---	0x00	R0	不使用
0	DPS	0	R/W	数据指针选择。选择可用的数据指针。 0: DPTR0 1: DPTR1

5.3.4　振荡器和时钟

CC2430 有一个内部系统时钟，该时钟的振荡源既可以采用 16 MHz 高频 RC 振荡器，也可以采用 32 MHz 晶体振荡器。时钟的控制可以由设置特殊功能寄存器的 CLKCON 字节来实现，同时系统时钟也可以提供给 8051 所有的外部设备使用。

振荡器可以选择高精度的晶体振荡器，也可以选择低成本的 RC 振荡器。注意，执行 RF 收发器时，必须使用高精度的石英振荡器。

5.3.5　RAM

CC2430 有 8 KB 的静态 RAM，当开机上电时，RAM 里面的内容不是随机的，在所有的 8 KB RAM 中，高位 4 KB RAM 里面的数据在所有的电源模式下都会保持，而低 4 KB RAM 在从电源模式 2 和模式 3 返回到模式 0 的时候 RAM 里面的内容会丢失。

5.4　外　部　设　备

CC2430 的可接外部设备包括 GPIO、DMA 控制器、定时器、随机数发生器、AES 协处理器、电源控制、看门狗、串口、Flash 控制器等。

5.4.1　GPIO

I/O 每个引脚通过独立编程可作为数字输入或数字输出，还可以通过软件设置改变引脚的输入/输出硬件状态配置和硬件功能配置，在应用 I/O 端口前需要通过不同的特殊功能寄存器对它进行配置。CC2430 的 I/O 寄存器有 19 个，分别是 P0、P1、P2、PERCFG(外部设备控制寄存器)、ADCCFG(ADC 输入配置寄存器)、P0SEI(P0 功能选择寄存器)、

P1SEL(P1 功能选择寄存器)、P2SEL(P2 功能选择寄存器)、P0DIR(P0 方向寄存器)、P1DIR(P1 方向寄存器)、P2DIR(P2 方向寄存器)、P0INP(P0 输入模式寄存器)、P1INP(P1 输入模式寄存器)、P2INP(P2 输入模式寄存器)、P0IFG(P0 中断状态标志寄存器)、P1IFG(P1 中断状态标志寄存器)、P2IFG(P2 中断状态标志寄存器)、PICTL(中断控制寄存器)以及 P1IEN(P1 中断屏蔽寄存器)。

未使用的引脚应当定义电平,而不能悬空。一种方法是:该引脚不连接任何元器件,将其配置为具有上拉电阻器的通用输入口。这也是所有引脚在复位期间的状态,这些引脚也可以配置为通用输出口。为了避免额外的能耗,无论引脚配置为输入口还是输出口,都不可以直接与 VDD 或者 GND 连接。

5.4.2　DMA 控制器

CC2430 内置一个存储器直接存取(DMA)控制器。该控制器可以用来减轻 CPU 传送数据时的负担,只需要 CPU 极少的干预,DMA 控制器就可以将数据从 ADC 或 RF 收发器传送到存储器。DMA 控制器匹配所有的 DMA 传送,以确保 DMA 请求和 CPU 存取之间按照优先等级协调、合理地进行。DMA 控制器含有若干可编程设置的 DMA 信道,用来实现存储器到存储器的数据传送。由于 SFR 寄存器映射到 DMA 存储器空间,使得 DMA 信道的操作能够减轻 CPU 的负担。例如,从存储器传送数据到 USART,按照定下来的周期在 ADC 和存储器之间传送数据,通过从存储器中传送一组参数到 I/O 口的输出寄存器,产生需要得到的 I/O 波形等。使用 DMA 可以保持 CPU 在休眠状态(即低能耗模式下)与外部设备之间传送数据,从而降低了整个系统的能耗。

DMA 控制器的主要性能如下:

(1) 5 个独立的 DMA 信道;

(2) 3 个可以配置的 DMA 信道优先级;

(3) 31 个可以配置的传送触发事件;

(4) 源地址和目标地址的独立控制;

(5) 3 种传送模式(单独传送、数据块传送和重复传送);

(6) 支持数据从可变长度域传送到固定长度域;

(7) 既可以工作在字(word-size)模式,又可以工作在字节(byte-size)模式。

5.4.3　定时器

CC2430/CC2431 包括四个定时器:一个一般的 16 位定时器(Timer1)和两个 8 位定时器(Timer3、Timer4),支持典型的定时/计数功能,例如测量时间间隔、对外部事件计数、产生周期性中断请求、输入捕捉、比较输出和 PWM 功能。一个 16 位 MAC 定时器(Timer2)用于为 IEEE 802.15.4 的 CSMA-CA 算法和 MAC 层提供定时。由于三个一般定时器与普通的 8051 定时器相差不大,下面重点介绍 MAC 定时器(Timer2)。

MAC 定时器主要用于为 802.15.4 的 CSMA-CA 算法提供定时/计数和 MAC 层的普通

定时。如果 MAC 定时器与睡眠定时器一起使用，当系统进入低功耗模块时，MAC 定时器将提供定时功能。当系统进入和退出低功耗模式之前，使用睡眠定时器设置周期。

MAC 定时器的主要特征如下：

(1) 16 位定时/计数器提供的符码/帧周期为 16 μs/320 μs；

(2) 可变周期可精确到 31.25 ns；

(3) 8 位计时比较功能；

(4) 20 位溢出计数比较功能；

(5) 帧首定界符捕捉功能；

(6) 定时器启动/停止同步于外部 32.768 MHz 时钟以及由睡眠定时器提供定时；

(7) 比较和溢出产生中断；

(8) 具有 DMA 功能。

当 MAC 定时器停止时，它将自动复位并进入空闲模式。当 T2CNF.RUN 设置为 1 时，MAC 定时器将启动，它将进入定时器运行模式，此时 MAC 定时器要么立即工作，要么同步于 32.768 MHz 时钟；可通过向 T2CNF.RUN 写入 0 来停止正在运行的 MAC 定时器。

5.4.4　随机数发生器

CC2430 的随机数发生器可以产生伪随机字节，要想关闭随机数发生器，只要把 ADCCON1 的 RCTRL 位设置为 0b11 就可以了。想要使用随机数发生器，要满足两个条件：把 ADCCON1.RCTRL 设置正确，同时为随机数发生器提供输入信号。

5.4.5　AES 协处理器

CC2430 数据加密是由支持高级加密标准的协处理器完成的。正是由于有了 AES 协处理器的加密/解密操作，极大地减轻了 CC2430 内置 CPU 的负担。

AES 协处理器具有下列特性：

(1) 支持 IEEE 802.15.4 的全部安全机制；

(2) ECB(电子编码加密)、CBC(密码防护链)、CBF(密码反馈)、OFB(输出反馈加密)、CTR(计数模式加密)和 CBC-MAC(密码防护链消息验证代码)模式；

(3) 硬件支持 CCM(CTR + CBC-MAC)模式；

(4) 128 位密钥和初始化向量(IV)/当前时间(Nonce)；

(5) DMA 传送触发能力。

CPU 与协处理器利用以下 3 个特殊功能寄存器进行通信：ENCCS(加密控制和状态寄存器)、ENCDI(加密输入寄存器)以及 ENCDO(加密输出寄存器)。状态寄存器通过 CPU 直接读/写，而输入/输出寄存器则必须使用存储器直接存取(DMA)。有两个 DMA 信道必须使用：其中一个用于数据输入，另一个用于数据输出。在将命令写入寄存器 ENCCS 之前，DMA 信道必须初始化。写入一条开始命令会产生一个 DMA 触发信号，传送开始。当每个数据块处理完毕时，产生一个中断，该中断用于发送一个新的开始命令到寄存器 ENCCS。

5.4.6　电源控制

CC2430 有 4 种可变的电源模式，模式 0～模式 3。模式 0 是正常工作模式，模式 3 的功耗最低，系统可以通过外部中断和实时时钟进行唤醒，并进行电源模式的切换。为了达到降低功耗的目的，CC2430 通过关闭不用的模块来降低静态电流消耗。

5.4.7　看门狗

看门狗适用于 CPU 指针不正常运行时，对系统进行复位操作。看门狗常常用于电磁干扰比较大的场所，如果不使用看门狗，则相应的看门狗定时器可以作为其他一般功能的定时器来使用。CC2430 的看门狗功能比较简单，只有一个配置寄存器 WDCTL(0xC9)(表 5-2)。系统复位后，看门狗功能被禁用，要启用看门狗，需把 EN 位设置为 1。

表 5-2　看门狗寄存器

WDCTL(0xC9)——看门狗定时器控制

比特位	名称	复位	R/W(读/写)	描　述
7:4	CLR[3:0]清零	0000	读/写	清零定时器，如果这几个比特被按序写入 0xA 和 0x5，即对定时器进行清零。 注意：写入 0xA 和 0x5 的时间间隔必须在 0.5 个时钟周期内，当使能值是 0 时无效
3	EN 使能	0	读/写	使能定时器，当该位被写入 1 时，定时器使能，在定时器模式下，写入 0 时停止工作，如果在看门狗模式下写入 0 无效。 0: 停止定时器 1: 启动定时器
2	MODE 模式	0	读/写	模式选择，该位可选择看门狗定时器的模式。 0: 看门狗模式 1: 定时器模式
1:0	INT[1:0]中断	00	读/写	定时器中断选择，这几个比特位可选择振荡器周期为 32.768 kHz 的定时器中断。 00: 时钟周期*32768(1 s) 01: 时钟周期*8192(0.25 s) 10: 时钟周期*512(15.625 ms) 11: 时钟周期*64(1.9 ms)

5.4.8　串口

USART0 和 USART1 是串行通信接口，它们能够分别运行于异步 UART 模式或者同步 SPI 模式，两个 USART 具有同样的功能。

UART 模式：在 UART 模式中，接口使用 2 线或者含有 RTS、CTS 的 4 线。UART 模式的操作具有下列特点：

(1) 8 位或者 9 位数据；

(2) 奇校验、偶校验或者无校验；

(3) 配置起始位和停止位电平；

(4) 配置 LSB 或者 MSB 首先传送；

(5) 独立收发中断；

(6) 独立收发 DMA 触发；

(7) 奇偶校验和帧校验出错状态。

UART 模式提供全双工传送，接收器中的位同步不影响发送功能。传送一个 UART 字节包含 1 个起始位、8 个数据位、1 个作为可选项的第 9 位数据，或者奇偶校验位再加上 1 个(或 2 个)停止位。注意，虽然真实的数据包含 8 位或 9 位，但是，数据传送只涉及一个字节。

SPI 模式：在 SPI 模式中，USART 通过 3 线接口或 4 线接口与外部系统通信。接口包含引脚 MOSI、MISO、SCK 和 SSN。

SPI 模式包含下列特征：

(1) 3 线或者 4 线 SPI 接口；

(2) 主/从模式；

(3) 可配置的 SCK 极性和相位；

(4) 可配置的 LSB 或 MSB 传送。

当寄存器 UxCSR 的 MODE 设置为 0 时，选中 SPI 模式。在 SPI 模式中，USART 可以通过寄存器 UxCSR 的 SLAVE 位来配置 SPI 为主模式或者从模式。

5.4.9　Flash 控制器

CC2430 的 Flash 控制器主要对片内 Flash 的擦写操作进行处理，具有以下特性：

(1) 字节寻址；

(2) 32 位 4 字节编程；

(3) 设置写保护位，保护代码安全；

(4) Flash 的擦除操作为 20 ms，写操作时间典型为 20 μs；

(5) 在低频 CPU 时钟读取操作时自动掉电。

Flash 的写操作可以通过向 Flash 控制器写入相关数值来启动，Flash 在写入前一定要确保先完成了擦除操作。可以通过两种方式进行写操作：通过 DMA 操作和直接通过 CPU 写 SFR 进行，这两者中优先选择 DMA 方式。向 FCTL(0xAE)的 WRITE 位写入 1(表 5-3)，启动 Flash 的写操作，要写入的地址由寄存器 FADDRH 和 FADDDRL(表 5-4)给出，在这个过程中，FCTL 的 SWBSY 一直保持高电平。在写周期，FWDATA(表 5-5)中的数据被写入

Flash 中，Flash 是以 32 位进行编程操作的，因此，实际每向 FWDATA 中写入 4 次数据的时候才真正启动写一次 Flash。

表 5-3　Flash 控制器的控制寄存器

FCTL(0xAE)——Flash 控制器

比特位	名称	复位	R/W(读/写)	描　述
7	BUSY	0	可读	表示正在写入或者正在擦除
6	SWBSY	0	可读	表示不能进行单个写入，当该位为高电平时可避免往 FWDATA 寄存器中写入数据
5	-	0	读/写	该位不使用
4	CONTRD	0	读/写	持续写入使能位 0：避免电量浪费，在需要读取数据时打开读取使能 1：当需要持续读取时，打开持续使能开关，有效节约电量
3:2		0	读/写	该位不使用
1	WRITE	0	读/写	写入，可否写入取决于 FADDRH 位的设置，如果 ERASE 位被设置为 1，在写入之前会先进行擦除操作
0	ERASE	0	读/写	擦除，是否擦除取决于 FADDRH 位的设置

表 5-4　Flash 控制器的地址寄存器

FADDRH(0xAD)——Flash 寄存器的高位地址

比特位	名称	复位	R/W(读/写)	描　述
7	-	0	读/写	该位不使用
6:0	FADDRH[6:0]	0x00	读/写	Flash 地址的高位 当 0 位是 MSB 时，6:1 位选择相应操作

FADDRH(0xAC)——Flash 寄存器的低位地址

比特位	名称	复位	R/W(读/写)	描　述
7:0	FADDRH[7:0]	0x00	读/写	Flash 地址的低位 FADDRH 的 0 位和 7:6 位选择在哪列写入数据，5:0 位选择写入的具体位置

表 5-5　Flash 控制器的写数据寄存器

FWDATA(0xAF)——Flash 写入数据

比特位	名称	复位	R/W(读/写)	描　述
7:0	FADATA[7:0]	0x00	读/写	Flash 数据写入。当 FCTL.WRITE 位被设置为高电平时，写入 FQWDATA 中的数据将被写入 Flash 中

当使用 DMA 写 Flash 时，要写入 Flash 中的数据存储在 Data 区或者是 XDATA 区，DMA 通道负责把数据写入 CC2430 的写数据寄存器 FWDATA 中，同时要设置 DMA 的 Flash 触发事件位，当 FWDATA 寄存器准备好接收数据时，DMA 通道就会把数据发送过来，发送的方式可以是固定块大小、单一模式或者是字节模式。

CC2430 的 CPU 也可以直接进行 Flash 操作，CPU 把数据写入 FWDATA 中，然后查询 FCTL 寄存器的 SWBSY 位，以决定是否启动下一轮的写操作，在写周期中，CPU 不能访问 Flash。当 SWBSY 位为 1 时访问 Flash，则会产生非法错误。

5.5　无　线　模　块

无线模块的核心部分是一个 CC2430 射频收发器。CC2430 无线部分的主要参数如下：
(1) 工作频带范围为 2.400～2.4835 GHz；
(2) 采用 IEEE 802.15.4 规范要求的直接序列扩频方式；
(3) 数据速率达 250 kb/s，碎片速率达 2 Mchip/s；
(4) 采用 O-QPSK 调制方式；
(5) 高接收灵敏度(-94 dBm)；
(6) 抗邻频道干扰能力强(39 dB)；
(7) 内部集成有 VCO、LNA、PA 以及电源稳压器；
(8) 采用低电压供电(2.1～3.6 V)；
(9) 输出功率编程可控。

IEEE 802.15.4 MAC 硬件可支持自动帧格式生成、同步插入与检测、10 bit 的 CRC 校验、电源检测、完全自动 MAC 层保护(CTR、CBC-MAC、CCM)。

CC2430 的发送基于直接升频转换。数据存放在 128 字节的 TXFIFO 中(与 RXFIFO 彼此分隔)，要发送的帧引导序列和帧开始定界符由硬件产生，每个符号(4 位)使用 IEEE 802.15.4 扩展序列扩展为 32 位码片序列，输出到 DAC 中。经过 DAC 变换的信号，通过模拟低通滤波器送到 I/Q 相移升频转换混频器口，无线射频(RF)信号通过功率放大器(PA)馈送到天线。

由于采用了内部发送/接收(T/R)开关电路，天线的接口以及匹配很容易实现，RF 为差动连接。单极天线可以使用不平衡变压器，通过外接直流通路，连接引脚 TXRX_SWITCH 到引脚 RF_P 和引脚 RF_N，实现功率放大器和低噪声放大器的偏置。

频率合成器包括一套完整的片上电感器电容器(LC)、电压控制振荡器(VCO)和一个 90° 分相器，用来产生同相信号、正交相位信号(I/Q)和本地振荡器(LO)信号。在接收模式下，这些信号到达降频转换混频器；而在发送模式下，这些信号到达升频转换混频器。电压控制振荡器(VCO)的工作频率范围是 4800～4966 MHz。分相 I/Q 时，频率一分为二。数字基带包括支持帧操作、地址识别、数据缓冲、CSMA-CA 选通处理器和 MAC 安全等。片上稳压器提供校准的 1.8 V 供电电压。

第六章 物联网教学平台

本书前五章主要对物联网开发用到的理论知识进行了系统的介绍,本章将详细介绍实践教学使用的教学平台,主要包括平台软硬件、硬件连接、开发环境的搭建以及平台使用的操作流程等几个方面。

6.1 平台介绍

本节首先通过实例图对物联网实验平台的软硬件组成进行详细介绍,然后从物联网教学平台的电源连接、JTAG线连接、USB线连接等几个方面介绍教学平台硬件连接。

6.1.1 平台软硬件说明

1. 硬件

物联网教学平台如图 6-1 所示。

图 6-1 物联网教学平台

物联网教学平台网关板如图 6-2 所示。

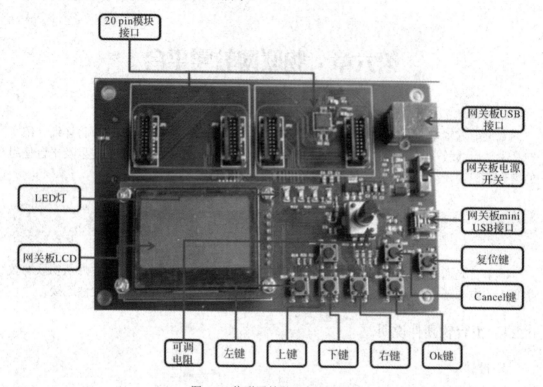

图 6-2　物联网教学平台网关板

物联网教学平台电池板如图 6-3 所示。

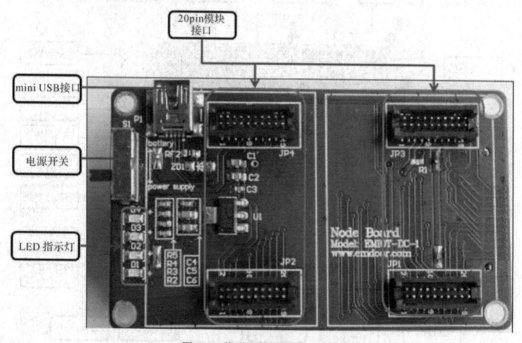

图 6-3　物联网教学平台电池板

2. 软件资源

(1) ZigbemPC 软件，即物联网教学平台 PC 端控制软件，其界面如图 6-4 所示。

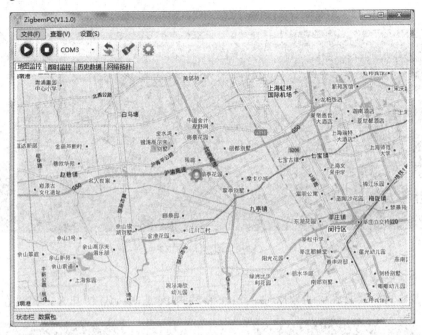

图 6-4　ZigbemPC 软件界面

ZigbemPC 软件的主要功能包括地图监控、传感器即时数据显示、网络拓扑结构显示等。

(2) ZigbemDS 软件。由于 TinyOS 并非真正意义上的操作系统，而是以组件形式组织的微型程序集合，其在编译阶段通过调用关系进行组件的精简。为了支持更多的硬件构建更多的应用，物联网教学平台提供了丰富的组件供开发者使用，这些组件也集成在 ZigbemDS 安装包中，自动安装到 TinyOS 的开发环境中，用户可以像使用系统组件一样使用它们。

6.1.2　物联网教学平台硬件连接

1. 电源连接

给供电平台接上电源，如图 6-5 所示。

图 6-5　连接电源

2. JTAG 线连接

当需要对 CC2430 模块下载程序时，用仿真器 JTAG 将 PC 与平台连接起来，如图 6-6 所示。

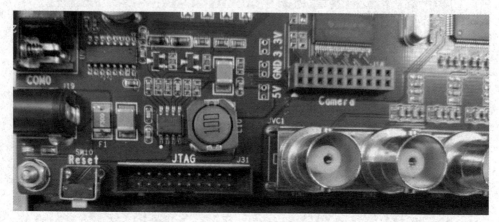

图 6-6　JTAG 线连接

3. USB 线连接

当 PC 端需要获取底层的数据时，用 USB 线把 PC 与平台连接起来，如图 6-7 所示。

图 6-7　USB 线连接

6.2　开发环境的搭建

本节主要介绍物联网实验平台软件开发环境的搭建，主要包括 TinyOS 开发环境的搭建、Z-stack 开发环境的搭建、烧录工具的安装、CC Debugger 仿真器驱动的安装，以及 CP2101 驱动的安装等。

1. TinyOS 开发环境的搭建

(1) ZigbemDS 安装部分。双击光盘 "TinyOS 开发环境安装程序" 目录下的安装文件 Zigbee4tinyos V1.0. msi 进入安装界面，如图 6-8 所示，然后单击 "Next" 按钮进入下一步。

图 6-8　安装界面

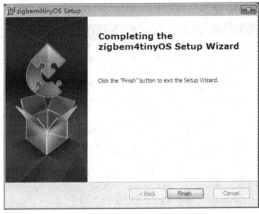

图 6-9　完成第一个安装进程

依次顺序安装，单击"Finish"按钮完成第一个安装进程，等待第二个安装进程完成，如图 6-9 所示。

第二个安装进程完成后会自动弹出界面，如图 6-10 所示。

图 6-10　完成第二个安装进程

按任意键即可完成安装，桌面上会自动建立 Cygwin 的快捷方式，单击进入即可。

在光盘"\监控软件\PC 端监控软件\安装文件"的目录下找到"ZMPC.msi"安装 PC 端上机位软件 ZigbemPC。(注：如 PC 上没有 .net2.0，则先安装 .net2.0，在光盘中"监控软件\PC 端监控软件"目录下有 .net2.0 的安装文件。)

(2) Keil 安装部分。双击光盘"\TinyOS\1_Keil 安装文件"目录下的 c51v808a.exe，进入如图 6-11 所示的安装界面。

单击"Next"按钮，选中"I agree to all the terms of the preceding License Agreement"，如图 6-11 所示。

选择安装路径后，单击"Next"按钮。输入用户名等资料后单击"Next"按钮进入安装进度界面，如图 6-12 所示。

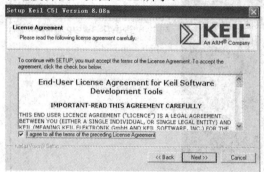

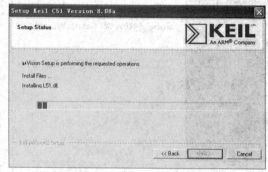

图 6-11　进入安装界面　　　　　　　　　　　图 6-12　安装进度界面

　　单击"Finish"按钮完成安装过程，如图 6-13 所示，桌面上会自动建立 keil 的快捷方式，单击进入即可。

　　在桌面上打开"Keil μ Vision3"，选择"License Management…"，如图 6-14 所示。复制好"CID"号以作注册用。

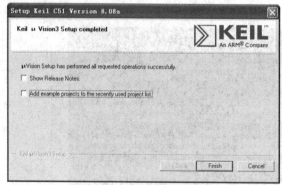

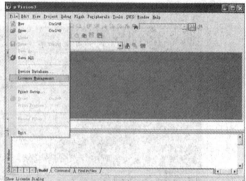

图 6-13　完成安装　　　　　　　　　　　　图 6-14　打开 Keil

　　打开光盘中"\TinyOS\1_Keil 安装文件"目录下的"Keil_lic-v3.2.exe"文件，如图 6-15 所示，将"MCU type"设为"51"，把得到的 CID 号输入到 CID 的位置。

　　单击"Generate"按钮产生注册码 LICO，把 LICO 号复制到"New License ID Code"位置，单击"Add LICO"按钮完成注册，如图 6-16 所示。

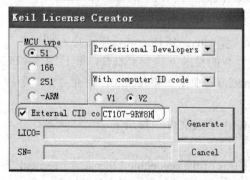

图 6-15　打开 Keil_lic-v3.2.exe　　　　　　　图 6-16　完成注册

2. Z-stack 开发环境的搭建

双击光盘"\Z-Stack\7.30"目录下的 IARID.exe，得到本机的 ID 号，如图 6-17 所示。

图 6-17　获取账号

编辑"\Z-Stack\7.30"目录下的 key.cmd，将 ID 修改为本机 ID，如图 6-18 所示。

图 6-18　更改 ID 号

运行 key.cmd，key.txt 中含有 EW8051-EV 的序列号就是 7.30 的序列号，如图 6-19 所示。

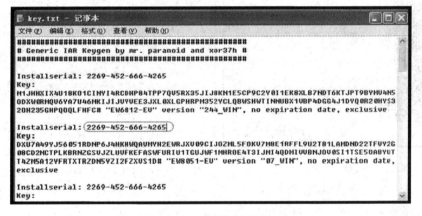

图 6-19　获取序列号

双击光盘"\Z-Stack"目录下的 EW8051-EV-730B.exe，进入如图 6-20 所示的安装界面。将从 key.txt 中得到的 EW8051-EV 的序列号输入到"License#"位置，如图 6-21 所示。

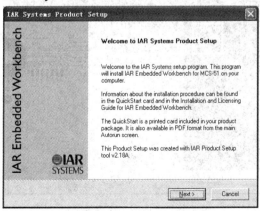

图 6-20　IAR 安装界面

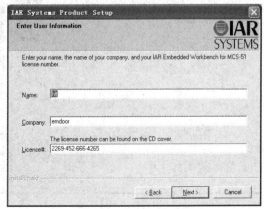

图 6-21　输入序列号

输入从 key.txt 中得到的 EW8051-EV 的 license Key，其他选项都选默认状态，直到程序安装完成。

3. 烧录工具的安装

双击光盘"相关软件\SmartRF Flash Programmer \SmartRFProgr_1.10.2"目录下的 Setup_SmartRFProgr_1.10.2.exe，安装好 SmartRF Flash Programmer。

4. CC Debugger 仿真器驱动的安装

第一次使用 CC Debugger，当 CC Debugger 接上 PC 时，Windows 操作系统会提示检测到新硬件。在弹出的"找到新的硬件向导"窗口中，勾选"从列表或指定位置安装(高级)(S)"选项，并单击"下一步"按钮，如图 6-22 所示。

在搜索和安装选项窗体中勾选"在搜索中包括这个位置"，单击"浏览"按钮，如图 6-23 所示。

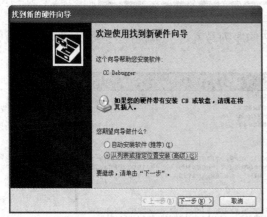
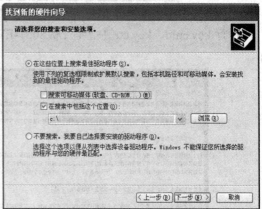

图 6-22　找到新的硬件向导　　　　　　　　图 6-23　搜索驱动程序

浏览并选择驱动所在的目录，单击"确定"按钮。在窗体中单击"下一步"按钮，操作系统将提示安装驱动程序，如图 6-24 所示。

Windows 操作系统驱动程序安装向导搜索并安装搜索到的驱动程序。在驱动程序安装完成后，单击"完成"按钮，即完成 CC Debugger 驱动程序的安装，如图 6-25 所示。

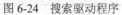

图 6-24　搜索驱动程序　　　　　　　　图 6-25　完成驱动程序安装

5. CP2101 驱动的安装

双击光盘"相关软件\CP2101 驱动"目录下的 Setup.exe，安装好 CP2101 的驱动。

6.3　平台的使用

本节将详细介绍如何下载物联网实验平台程序，如何对 TinyOS 系统下的硬件及传感器进行控制，以及 Z-stack 的基本操作流程，通过详细的讲解及图文演示，帮助读者进行教学或自学。

6.3.1　程序的下载

连接好平台的电源，即用仿真器连接好平台和 PC，如图 6-26 所示。

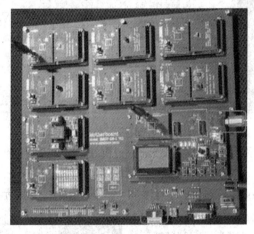

图 6-26　电源及仿真器连接

通过底板上的模块选择开关(downlaod swith)选择好对应的模块，如图 6-27 选择的模块号是 No.2，则 No.2 的指示灯亮，这时就可以用软件通过仿真器对模块号为 No.2 的模块进行程序下载(底板的每个模块位置的左上角有模块号的标识)。

图 6-27　模块选择

打开对应模块的电源开关，打开程序下载工具 SmartRF Flash Programmer。选择"System-on-Chip"选项，则可以看到复位仿真器已找到 CC2430，如图 6-28 所示。

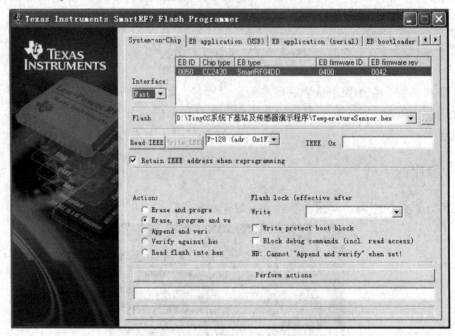

图 6-28　仿真器寻找 CC2430

以网关板测试程序为例选择好需下载的程序(注：选中模块号为 No.9 的模块)，其他选项如图 6-29 所示。

单击"Perform actions"按钮进行程序的下载，如图 6-30 所示。

图 6-29　程序下载路径选择　　　　　　图 6-30　程序下载

6.3.2　TinyOS 系统下的基本操作流程

1. 基本硬件控制

(1) 连接好硬件，选中模块号为 No.9 的模块。

(2) 单击桌面上的"cygwin"快捷方式，打开 cygwin，如图 6-31 所示。

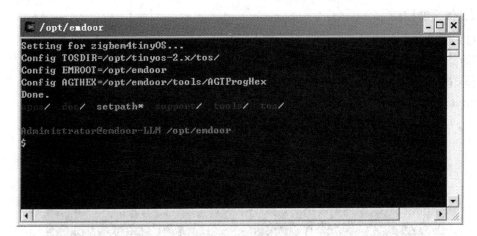

图 6-31　打开 cygwin

(3) 进入 "/opt/emdoor/apps/BasicDemos/1_Led" 目录，如图 6-32 所示。

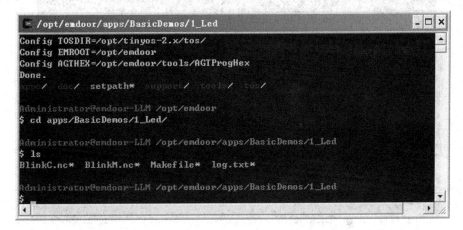

图 6-32　进入目录

(4) 复位仿真器，输入 "make zigbem install" 将程序下载到网关板中，如图 6-33 所示。

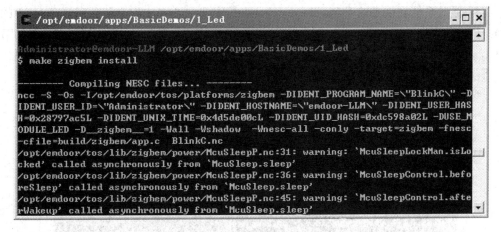

图 6-33　下载程序到网关板

(5) 查看网关板上的绿灯(LED6)和红灯(LED3)依次点亮、熄灭。

2. 传感器控制

(1) 点击桌面上的"cygwin"快捷方式，打开 cygwin。

(2) 进入"/opt/emdoor/apps/RFDemo/5_LightSensor/Coord"目录。

(3) 通过系统底板上的"download switch"按键选中"No.9"。复位仿真器，输入"make zigbem install GRP=01 NID=01"把程序下载到网关板中，如图 6-34 所示。

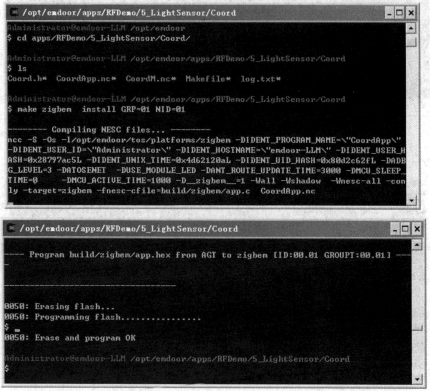

图 6-34　下载程序到网关板

(4) 进入"/opt/emdoor/apps/RFDemo/5_LightSensor/Node"目录。

(5) 通过系统底板上的"download switch"按键选中"No.1"(光照传感器在 No.1 的位置)。复位仿真器，输入"make zigbem install GRP=01 NID=02"把程序下载到 No.1 的节点板中，如图 6-35 所示。

图 6-35　下载程序到节点板

(6) 如果还没有安装 CP2101 的驱动，则在光盘中"\Other\CP2101 驱动"目录下解压"CP2101 驱动"文件，安装好 CP2101 的驱动。

(7) 用 USB 线连接网关板和计算机。选择桌面→我的电脑(单击右键)→在硬件选项中的"设备管理器"按钮，打开设备管理器，如图 6-36 所示。

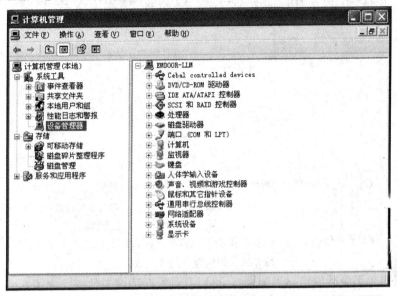

图 6-36　设备管理器

(8) 打开"端口(COM 和 LPT)"，查找网关板的串口号。

(9) 打开 PC 端上位机监控软件 EMPC，如图 6-37 所示，选择相应的串口号。(如果 EMPC 软件还没有安装，需安装一下，可参照"Document"目录下"TinyOS 开发环境的搭建"。)

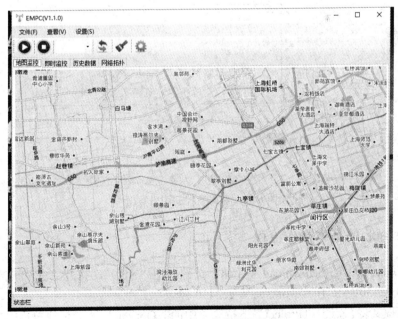

图 6-37　PC 端上位机监控软件

(10) 选择"开始监控"→"即时监控",可以看到即时监控的光照数据,如图 6-38 所示。

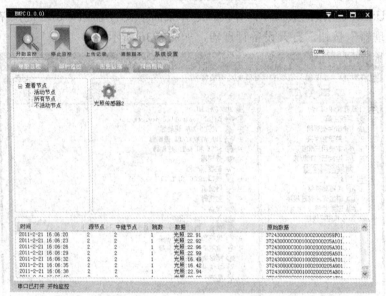

图 6-38　即时监控的光照数据

(11) 选择"历史数据"→"图表",可以看到光照的图表数据,如图 6-39 所示。

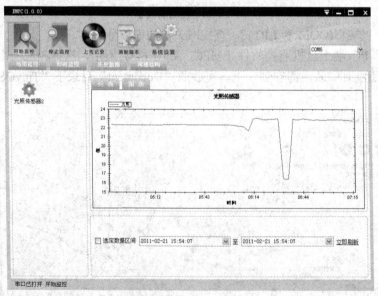

图 6-39　即时监控的图表数据

6.3.3　Z-stack 的基本操作流程

通过系统底板上的"download switch"按键选中"No.9",打开"…\基础综合演示实验\App_Ex\cc2430\IAR_files\workspace_cc2430.eww"工程。

选中工程文件,点击"Project"下拉菜单中的"Options"菜单,或单击右键,点击下拉菜单中的"Options"菜单，如图 6-40 所示。

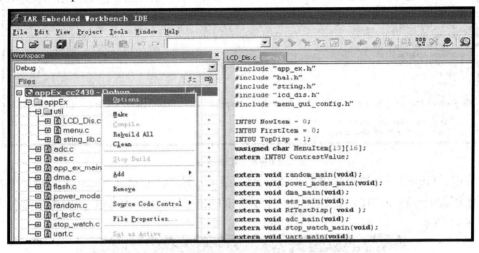

图 6-40　Options 菜单

在"General Options"选项栏的"Stack/Heap"中，对堆栈大小(Stack Size)进行配置(由于应用程序中是全局变量，要适当调整堆栈的大小，否则在编译链接过程中会出现链接错误)，如图 6-41 所示。

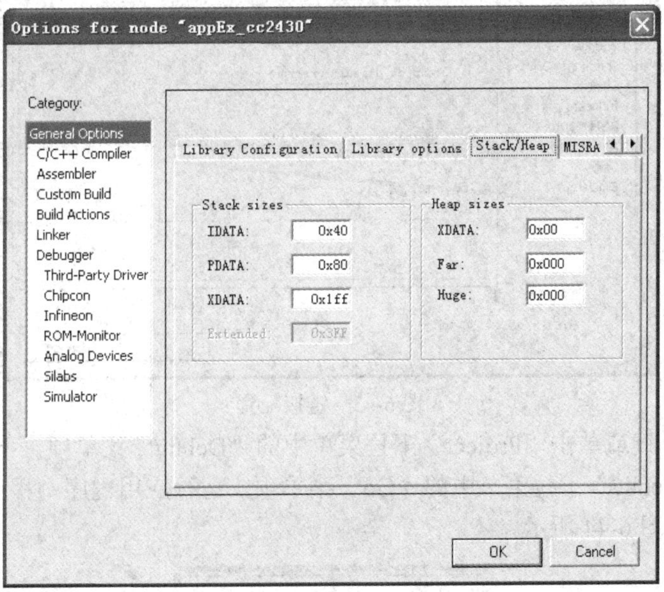

图 6-41　配置堆栈大小

单击"Project"下拉菜单中的"Rebuild All"菜单，编译应用程序。

如果编译过程中出现如图 6-42 所示的链接错误，这主要是由于编译后的程序所占空间超过了默认配置文件 lnk51ew_cc2430.xcl 中规定的代码大小，此时需要修改所对应的程序空间的起始地址或结束地址。(虽然 CC2430F32/64/128 存储器空间比较大，但其默认配置文件只有一个，另外 F64 和 F128 采用分块(Bank)的方式安排存储器空间(非线性)。如果采用默认的分块配置文件 lnk51ew_cc2430b.xcl，则需要对空间进行重新配置(该实验已将修改后的配置文件存放在···\基础综合演示实验\config 文件夹中)。

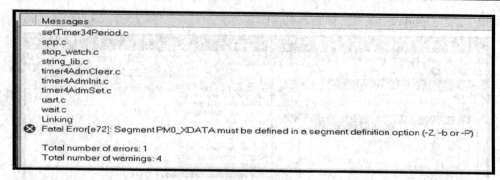

图 6-42　链接错误

单击"Project"下拉菜单中的"Options"菜单，选中"Linker→config"，用"基础综合演示实验\config\lnk51ew_cc2430.xcl"把默认的"lnk51ew.xcl"替换掉，再重新编译工程，如图 6-43 所示。

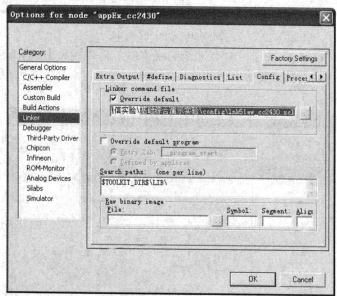

图 6-43　链接配置

按 Ctrl + D 键或单击"Project"下拉菜单中的"Debug"菜单项，下载应用程序，按 F5 键或单击"Debug"下拉菜单中的"Go"菜单项，运行应用程序。程序运行后 LCD 的默认显示结果如图 6-44 所示。

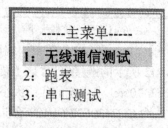

图 6-44　LCD 的默认显示结果

第七章　实例开发详解

在 TinyOS 中，组件在编译时被连接在一起，以消除运行期间不必要的系统开销。为了便于组合，在每个组件文件的开始描述该组件的外部接口。在这些文件中，组件实现了要提供给外部的命令和要处理的事件，同时也列出了要发信号通知的事件及其所使用的命令。从逻辑上讲，可把每个组件的输入/输出看成 I/O 引脚，本章将基于 TinyOS 组件进行应用实验的开发。本章主要从 TinyOS 基础应用、TinyOS 通信应用、IAR 基础应用、Z-stack 通信四个方面进行实验实例设计。

7.1　TinyOS 基础实验

本节基于 TinyOS 基础应用进行相关的实验设计，按由易到难、循序渐进的顺序设计了九个实验，从基本语法的使用、CC2430 芯片的应用、物联网教学平台的使用三个方面分别设计了 LED 灯实验、定时器实验、串口调试实验、串口通信实验、看门狗实验、Flash 读写实验、功耗模式实验、随机序列发生器、AES-128 安全协处理器。

实验一　LED 灯实验

❖ 【实验目的】

1. 掌握 TinyOS 的基本语法。
2. 熟悉物联网教学平台的使用。
3. 初步掌握 TinyOS 的运行流程。

❖ 【实验设备】

实验设备	数量	备　注
EMIOT-WGB-1 网关板	1	装配有网关板
EMIOT-EMU-1 仿真器	1	下载和调试程序

❖ 【实验原理】

物联网教学平台设备上有红、黄、蓝、绿等 4 个 LED 灯，其中，红灯是工作指示灯，蓝灯和黄灯主要用于程序调试，可以根据具体功能进行相应更改。如图 7-1 所示，当 CC2430

与 LED 相接的数字 I/O 输出高电平时 LED 点亮，输出低电平时 LED 熄灭，输出交替电平时 LED 闪烁。在本实验中，系统启动后，绿灯和蓝灯轮流点亮，点亮和变暗的间隔用 for 循环延时实现。

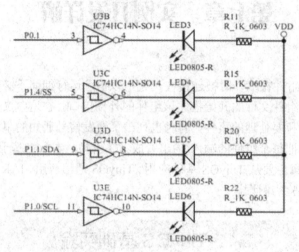

图 7-1 LED 控制电路图

❖ 【实验步骤】

(1) 点击桌面的"cygwin"快捷方式，打开 cygwin。

(2) 进入"/opt/emdoor/apps/BasicDemos/1_Led"目录，如图 7-2 所示。

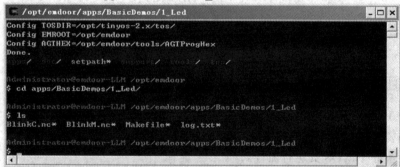

图 7-2 进入目录

(3) 复位仿真器，输入"make zigbem install"将程序下载到网关板中，如图 7-3 所示。

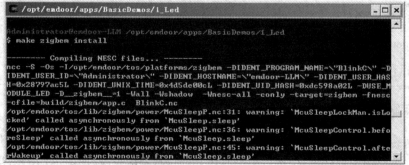

(a)

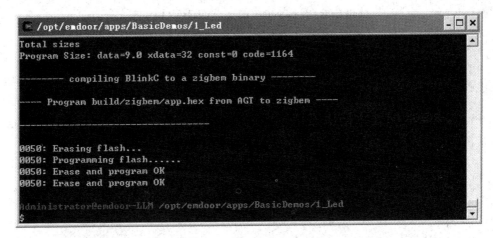

(b)

图 7-3　下载程序到网关板

(4) 查看实验结果，网关板上的绿灯(LED5)和红灯(LED3)依次点亮、熄灭。

❖ 【实验相关代码】

1. BlinkM.nc 文件

```
/*********************************************
*    FUNCTION NAME : BlinkM.nc
*    FUNCTION DESCRIPTION : LED 灯闪烁
*    FUCNTION DATE :2010/10/14
*    FUNCTION AUTHOR: EMDOOR
**/
module BlinkM {
    uses interface Leds;
    uses interface Boot;
}
implementation {
    task void DemoLed()
    {
        int i, j;
        while(1) {
            for(i=0; i<1000; i++)
                for(j=0; j<500; j++);
                    call Leds.GreenLedOn();        //绿色 LED 亮
                    call Leds.RedLedOff();         //红色 LED 亮
                        for(i=0; i<1000; i++)
                        for(j=0; j<500; j++);
```

```
        call Leds.GreenLedOff();        //绿色 LED 灭
        call Leds.RedLedOn();           //红色 LED 亮
    }
}
/**  启动事件处理函数，在 LED.nc 已经关联到 MainC.Boot 接口
    系统启动后会调用此函数
*/
event void Boot.booted() {
    post DemoLed();
}
}
```

2. BlinkC.nc 文件

```
/************************************************
*   FUNCTION NAME : BlickC.nc
*   FUNCTION DESCRIPTION : LED 灯闪烁
*   FUCNTION DATE :2010/10/14
*   FUNCTION AUTHOR: EMDOOR
**/
configuration BlinkC {
}
implementation
{
    components BlinkM;               // LED 模块程序，用于实现 LED 代码
    components LedsC;
    components MainC;                // TinyOS2 主模块，这里用于关联系统启动
    /* LED 模块程序中控制 LED 的 IO 与 tinyos 提供的接口相关联*/
    BlinkM.Leds -> LedsC;
    /* LED 模块程序的 Boot 接口与系统 Boot 接口
    *   关联，这样系统启动时会调用 LedM 的 Boot 接口
    */
    BlinkM.Boot -> MainC.Boot;
}
```

3. Makefile 文件

```
COMPONENT=BlinkC
####################
PFLAGS += -DUSE_MODULE_LED
####################
include $(MAKERULES)
```

实验二 定时器实验

❖ 【实验目的】

1. 了解 CC2430 芯片中的定时器。
2. 学会定时器的使用。

❖ 【实验设备】

实验设备	数量	备注
EMIOT-WGB-1 网关板	1	装配有网关板
EMIOT-EMU-1 仿真器	1	下载和调试程序

❖ 【实验原理】

CC2430 芯片包含四个定时器(Timer1、Timer2、Timer3、Timer4)和一个休眠定时器(Sleep Timer)。

Timer1 是 16 位的定时器,支持典型的定时/计数功能以及 PWM 功能,该定时器共有三个捕捉/比较通道,每个通道使用一个单独的 I/O 引脚。Timer1 的时钟频率由系统时钟分频得到,首先由寄存器中的 CLKON.TICKSPD 分频,系统时钟是在 32 MHz 的情况下,CLKON.TICKSPD 可以将该时钟频率分频到 32 MHz(TICKSPD 为 000)、16 MHz(TICKSPD 为 001)、8 MHz(TICKSPD 为 010)、4 MHz(TICKSPD 为 011)、2 MHz(TICKSPD 为 100)、1 MHz(TICKSPD 为 101)、0.5 MHz(TICKSPD 为 110)、0.25 MHz(TICKSPD 为 111);分频后的时钟频率可以被 T1CTL.DIV 分频,分频数为 1、8、32、128。因此,在 32 MHz 的系统频率下,Timer1 的最小时钟频率为 1953.125 Hz,最大时钟频率为 32 MHz。

Timer2 主要用于为 802.15.4 标准中的 CSMA/CA 算法提供定时,该定时器即使在节点处于低功耗状态下仍然运行。

Timer3 和 Timer4 是两个 8 位的定时器,主要提供定时/计数功能。

Sleep Timer 用于将节点从超低功耗工作状态唤醒。

TinyOS 系统下,定时器组件一般为通用组件(generic components),通用组件类似于 C++ 中的类,可以通过 new 来实例化最多 255 个定时器,类似于类实例化的对象。在 Zigbem 平台下,定时器通用组件为 TimerMilliC,是由 Timer1 提供的,此外,Timer1 还提供了 Alarm32khzC 等组件。

定时器向上层提供的接口分为 Timer 和 Alarm 两种,使用 Timer 接口需要指定定时器的精度,分为 TMilli(毫秒)、T32kHz(32 kHz)、TMicro(微秒)三种;使用 Alarm 接口既要指定定时精度,还要指定定时器的位宽。

本实验旨在让读者熟悉物联网教学平台下 Timer 接口的使用方法,其流程为:

系统启动→启动两个定时器(Timer1 和 Timer2)周期定时,Timer1 的定时周期为 1 秒,Timer2 的定时周期为 5 秒,Timer1 触发后,绿灯闪烁;Timer2 触发,蓝灯闪烁。

注意：本实验中的 Timer1 和 Timer2 不是指 CC2430 芯片中的 Timer1 和 Timer2，而是 CC2430 芯片中 Timer1 提供的定时系统中 TimerMilliC 的两个实例。

❖ 【实验步骤】

(1) 点击桌面的"cygwin"快捷方式，打开 cygwin。
(2) 进入"/opt/emdoor/apps/BasicDemos/2_Timer"目录。
(3) 复位仿真器，输入"make zigbem install"将程序下载到网关板中。
(4) 查看实验结果，观察网关板上的 LED 灯的运行情况：绿灯每 1 秒闪一次，蓝灯每 5 秒闪一次。

❖ 【实验相关代码】

1. TimerLedM.nc 文件

```
/***********************************************
*     FUNCTION NAME : TimerLedM.nc
*     FUNCTION DESCRIPTION : 定时器间隔点亮两个 LED 灯
*     FUCNTION DATE :2010/10/15
*     FUNCTION AUTHOR: EMDOOR
**/
#define DBG_LEV 5
module TimerLedM
{
    uses interface Boot;
    uses interface Leds;
    /* Timer 为系统接口 TMilli 指明了定时器的精度为毫秒 */
    uses interface Timer<TMilli> as Timer1;   /* as 关键字为接口别名 */
    uses interface Timer<TMilli> as Timer2;
}
implementation
{
    /** 任务：  切换黄色 LED 灯 */
    task void ToggleLedGreen()
    {
        call Leds.GreenLedToggle();
    }
    /**   启动事件处理函数，TimerLed.nc 已经关联到 MainC.Boot 接口，
        系统启动后会调用此函数
    */
    event void Boot.booted()
    {
```

```
    /** 定时器 1: 持续工作，每隔 1s 触发一次 */
        call Timer1.startPeriodic(1000);
            /** 定时器 2: 持续工作，每隔 3s 触发一次*/
        call Timer2.startPeriodic(5000);
    }
    /** 定时器 1 的事件处理函数 */
    event void Timer1.fired()
    {
        /** 事件处理中直接切换蓝色 LED 灯 */
        ADBG(5, "led blue toggle.\r\n");
        call Leds.BlueLedToggle();;
    }
    /** 定时器 2 的事件处理函数 */
    event void Timer2.fired()
    {
        ADBG(5, "led yellow toggle.\r\n");
        post ToggleLedGreen();
    }
}
```

2. TimerLed.nc 程序

```
/**********************************************
*    FUNCTION NAME : TimerLed.nc
*    FUNCTION DESCRIPTION : 定时器间隔点亮两个 LED 灯
*    FUCNTION DATE :2010/10/15
*    FUNCTION AUTHOR: EMDOOR
**/
configuration TimerLed
{
}
implementation
{
    components TimerLedM;    /* TimerLed 模块程序，用于实现具体代码 */
    components MainC;          /* TinyOS 主模块，这里用于关联系统启动 */
    components LedsC;             /* TinyOS 提供的 LED 模块 */
    /* TimerLed 模块程序的 Boot 接口与系统 Boot 接口关联，这样系统启动时会调用 LedM
        的 Boot 接口*/
    TimerLedM.Boot -> MainC.Boot;
    /* LED 模块程序中控制 LED 的 IO 与 TinyOS 提供的接口相关联*/
    TimerLedM.Leds -> LedsC;
```

```
/**
* 使用系统毫秒级 Timer 组件新建第一个定时器并且接口关联到 TimerLedM 处理模块
*/
components new TimerMilliC() as Timer1;
TimerLedM.Timer1 -> Timer1;
/** 使用系统毫秒级 Timer 组件新建第二个定时器
*/
components new TimerMilliC() as Timer2;
TimerLedM.Timer2 -> Timer2;
}
```

3. Makefile 文件

```
COMPONENT=TimerLed
#####################
PFLAGS += -DUSE_MODULE_LED
#使用串口调试模块
PFLAGS += -DUART_DEBUG
PFLAGS += -DADBG_LEVEL=5
#####################
include $(MAKERULES)
```

实验三　串口调试实验

❖ 【实验目的】

1. 熟悉物联网教学平台的使用。
2. 学会串口调试的工程。

❖ 【实验设备】

实验设备	数量	备　注
EMIOT-WGB-1 网关板	1	装配有网关板
USB 线	1	
EMIOT-EMU-1 仿真器	1	下载和调试程序

❖ 【实验原理】

CC2430 有两个串口，分别为 USART0 和 USART1，这两个窗口能分别工作在同步和异步模式。在物联网教学平台中，串口调试的语句格式为 ADBG(x, args…)，其中 x 为调试级别，只有 x 不小于 Makefile 中定义的调试级别时，该语句才能被打印，args…为打印的内容，具体的格式和 C 语言中的 printf 相同。ADBG(…)语句实际上是通过 CC2430 的串口 Uart0 输出打印语句的，详见文件/emdoor/tos/lib/zigbem/common。

❖ 【实验步骤】

(1) 点击桌面的"cygwin"快捷方式，打开 cygwin。

(2) 进入"/opt/emdoor/apps/BasicDemos/3_SerialDebug"目录下。

(3) 复位仿真器，输入"make zigbem install"将程序下载到网关板中。

(4) 在光盘中的"\Other\CP2101 驱动"目录下解压"CP2101 驱动"文件，并安装好 CP2101 的驱动。

(5) 用 USB 线连接网关板和计算机。从桌面→我的电脑(单击右键)→在硬件选项中点击"设备管理器"按钮，打开设备管理器。

(6) 打开"端口(COM 和 LPT)"，查找网关板串口号。

(7) 在光盘的"\Other\串口助手"中打开串口助手工具。串口参数设置：波特率为 9600，数据位为 8，停止位为 1，校验位和流控制为 None，如图 7-4 所示。

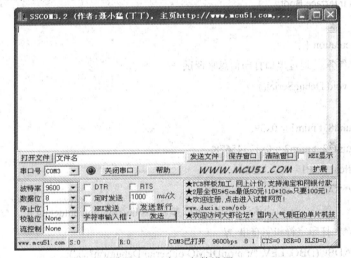

图 7-4　串口参数设置

(8) 复位一下网关板，在串口助手中可以看到一些调试信息，如图 7-5 所示。

图 7-5　调试信息

❖ 【实验相关代码】

1. SerialDebugM.nc 文件

```
/*************************************************
*     FUNCTION NAME : SerialDebugM.nc
*     FUNCTION DESCRIPTION：串口调试信息打印
*     FUCNTION DATE :2010/10/15
*     FUNCTION AUTHOR: EMDOOR
**/
/* 定义调试级别，参考 Makefile 的 ADBG_LEVEL 定义，设置大于等于 ADBG_LEVEL */
#define DBG_LEV     9
module SerialDebugM {
    uses interface Boot;
}
Implementation {
    /** 任务：  通过串口打印信息来调试 */
    task void DebugSerial()
    {
        uint8_t num1 = 0x39;
        uint32_t num2 = 0x12345678;
        float float1 = 123.1234;
        /** ADBG，格式类似于 printf
        *   第一个参数为调试等级，可以参见 tos/lib/common/antdebug.h    */
        /** 打印字符和字符串 */
        ADBG(DBG_LEV, "\r\n\r\nDEMO of Serial Debug\r\n", 'x');
        ADBG(DBG_LEV, "1. This is a string, and this is char '%c'\r\n", 'x');
        /** 打印 8 位的数字 */
        ADBG(DBG_LEV, "2. NUM1: HEX=0x%x, DEC=%d\r\n", (int)(num1), (int)(num1));
        /** 打印 32 位的数字 */
        ADBG(DBG_LEV,   "2.  NUM2:   HEX=0x%lx,   DEC=%ld\r\n",  (uint32_t)(num2),
(uint32_t)(num2));
        /** 打印浮点数*/
        ADBG(DBG_LEV, "3. FLOAT: %f\r\n", float1);
    }
    /**  启动事件处理函数，SerialDebug.nc 已经关联到 MainC.Boot 接口，
    * 系统启动后会调用此函数
    */
    event void Boot.booted()
```

```
        {
            post DebugSerial();
        }
    }
```

2.　SerialDebug.nc 文件

```
/*************************************************
*      FUNCTION NAME : SerialDebug.nc
*      FUNCTION DESCRIPTION : 串口调试信息打印
*      FUCNTION DATE :2010/10/15
*      FUNCTION AUTHOR: EMDOOR
**/
configuration SerialDebug {
}
Implementation {
    components SerialDebugM;        /* SerialDebug 模块程序，用于实现具体代码 */
    components MainC;                /* TinyOS2 主模块，这里用于关联系统启动 */

    /* SerialDebug 模块程序的 Boot 接口与系统 Boot 接口关联,
    *    这样系统启动时会调用 SerialDebugM 的 Boot 接口    */
    SerialDebugM.Boot -> MainC.Boot;

}
```

3.　Makefile 文件

```
COMPONENT=SerialDebug
#####################
#使用 LED 模块
PFLAGS += -DUSE_MODULE_LED
#使用串口调试模块
PFLAGS += -DUART_DEBUG
#调试级别
PFLAGS += -DADBG_LEVEL=9
#####################
include $(MAKERULES)
```

<h2 style="text-align:center">实验四　串口通信实验</h2>

❖ 【实验目的】

1. 熟悉物联网教学平台的使用。
2. 掌握串口通信的使用方法。

❖ 【实验设备】

实验设备	数量	备　注
EMIOT-WGB-1 网关板	1	装配有网关板
USB 线	1	
EMIOT-EMU-1 仿真器	1	下载和调试程序

❖ 【实验原理】

物联网教学平台提供了串口通信模块组件 PlatformSerialC，该组件提供了三个接口：StdControl、UartStream 和 CC2430UartControl，其中，StdControl 用于控制串口通信模块的开关，UartStream 提供了串口收发功能，CC2430UartControl 接口用于设置串口通信以得到波特率。

该实验实现了两种功能：一种是当不定义 SERIALIO_RECEIVE 宏时，系统启动后显示菜单，选择菜单键[1]则蓝灯闪烁，选择菜单键[2]则绿灯闪烁，选择其他键则输入错误，重新回显菜单；当有宏定义 SERIALIO_RECEIVE 时，节点启动后，等待输入 10 个字节的字符然后显示出来。

❖ 【实验步骤】

(1) 点击桌面的"cygwin"快捷方式，打开 cygwin。

(2) 进入"/opt/emdoor/apps/BasicDemos/4_SerialIO"目录下。

(3) 复位仿真器，输入"make zigbem install"把程序下载到网关板中。

(4) 在光盘中的"\Other\CP2101 驱动"目录下解压"CP2101 驱动"文件，并安装好CP2101 的驱动。

(5) 用 USB 线连接网关板和计算机。从桌面→我的电脑(单击右键)→在硬件选项中点击"设备管理器"按钮，打开设备管理器。

(6) 打开"端口(COM 和 LPT)"，查找网关板串口号。

(7) 在光盘中的"\Other\串口助手"中打开串口助手工具。串口参数设置：波特率为9600，数据位为 8，停止位为 1，校验位和流控制为 None，如图 7-6 所示。

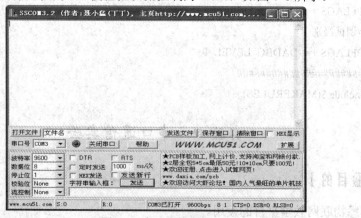

图 7-6　串口参数设置

(8) 复位网关板，在串口助手中可以看到一些调试信息，如图 7-7 所示。

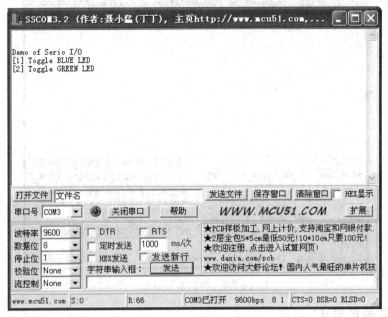

图 7-7　调试信息

(9) 选择菜单键[1]则蓝灯(LED6)闪烁，选择菜单键[2]则绿灯(LED5)闪烁，选择其他键则输入错误，重新回显菜单，如图 7-8 所示。

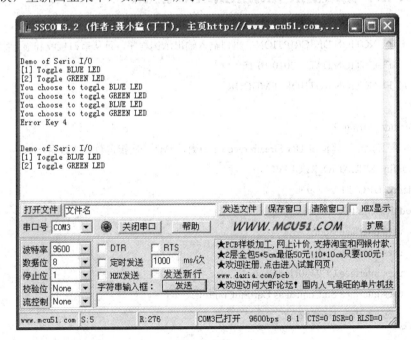

图 7-8　选择菜单

(10) 在 SerialloM.nc 文件中定义了宏 SERIALIO_RECEIV，代码为：#define SERIALIO_RECEIVE，重新编译并下载程序到网关板上。

(11) 从键盘上输入 10 个字节的字符，串口助手会显示这 10 个字符，如图 7-9 所示。

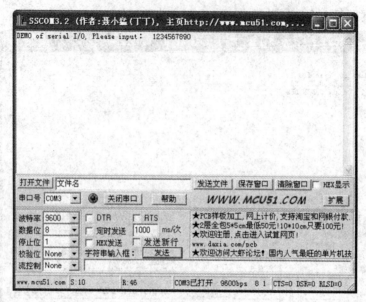

图 7-9　串口助手显示

❖ 【实验相关代码】

1. SerialIoM.nc 文件

```
/************************************************
*    FUNCTION NAME : SerialIoM.nc
*    FUNCTION DESCRIPTION : 串口输入输出示例程序, 可从串口接收和显示数据
*    FUCNTION DATE :2010/10/15
*    FUNCTION AUTHOR: EMDOOR
**/
#include <strings.h>
/** 定义此宏, 将演示 UartStream.receive 函数, 允许一次指定数量的数据 */
//#define SERIALIO_RECEIVE
#define DBG_LEV     9
module SerialIoM {
    uses interface Boot;
    uses interface Leds;
    uses interface CC2430UartControl;
    uses interface StdControl as UartStdControl;
    uses interface UartStream;
}
Implementation {
    uint8_t m_receive_len;
    uint8_t m_echo_buf;
```

```
uint8_t m_receive_buf[10];
uint8_t m_send_buf[100];
/* 显示一个菜单提示用户   */
void showMenu()
{
    strcpy(m_send_buf, "\r\n\r\nDemo of Serio I/O\r\n[1] Toggle BLUE LED\r\n[2] Toggle
GREEN LED\r\n");
        /* 通过 UartStream.send 可以发送字节数据   */
        call UartStream.send(m_send_buf, strlen(m_send_buf));
}
/** 启动事件处理函数, SerialIo.nc 已经关联到 MainC.Boot 接口,
 *     系统启动后会调用此函数
 */
event void Boot.booted()
{
    call Leds.BlueLedOn();
    call Leds.GreenLedOn();
    call CC2430UartControl.setBaudRate(9600);
    call UartStdControl.start();
    #ifdef SERIALIO_RECEIVE
    /** 演示缓冲接收功能, 接收完指定长度的数据才会调用 receiveDone */
        strcpy(m_send_buf, "DEMO of serial I/O, input   ");
        call UartStream.send(m_send_buf, strlen(m_send_buf));
        call UartStream.receive(m_receive_buf, sizeof(m_receive_buf));
            #else   /** 演示回显串口输入数据的功能   */
        showMenu();
    #endif
}
async event void UartStream.sendDone(uint8_t *buf, uint16_t len, error_t error)
{
}
/** 重新发送刚才接收的字符并进行回显 */
task void showMenuTask(){
    showMenu();
}
task void lightLED(){
    if(m_echo_buf=='1')
    {
        call Leds.BlueLedToggle();   /* 切换蓝色 LED 灯 */
```

```
        ADBG(DBG_LEV, "You choose to toggle BLUE LED\r\n");
    }
    else if (m_echo_buf == '2'){
        call Leds.GreenLedToggle();/* 切换绿色 LED 灯 */
        ADBG(DBG_LEV, "You choose to toggle GREEN LED\r\n");
    }
    else{
        ADBG(DBG_LEV, "Error Key %c\r\n", m_echo_buf);
        post showMenuTask();
    }
}
/** 如果没有调用 receive 接收，则每接收到一个数据就会触发此事件 */
async event void UartStream.receivedByte(uint8_t byte)
{
    m_echo_buf = byte;
    post lightLED();
}
/** 在接收完 receive 命令欲接收的长度后会调用此事件 */
async event void UartStream.receiveDone(uint8_t *buf, uint16_t len, error_t error)
{
    /** 回显接收到的 10 个字符 */
    call UartStream.send(m_receive_buf, sizeof(m_receive_buf));
    /** 重新接收 10 个字符 */
    call UartStream.receive(m_receive_buf, sizeof(m_receive_buf));
}
}
```

2. SerialIo.nc 文件

```
/***********************************************
*    FUNCTION NAME : SerialIo.nc
*    FUNCTION DESCRIPTION：串口输入输出示例程序，可从串口接收和显示数据
*    FUCNTION DATE :2010/10/15
*    FUNCTION AUTHOR: EMDOOR
**/
configuration SerialIo {
}
Implementation {
    components SerialIoM;      /* SerialIo 模块程序，用于实现具体代码 */
    components MainC;          /* TinyOS 主模块，这里用于关联系统启动 */
```

```
components LedsC;        /* Led 模块程序，提供对 LED 的控制*/
/** SerialIo 模块程序的 Boot 接口与系统 Boot 接口关联，这样系统启动时会调用 SerialIoM
    的 Boot 接口
*/
SerialIoM.Boot -> MainC.Boot;
/**串口模块程序与 Led 模块关联*/
SerialIoM.Leds -> LedsC;
/** PlatformSerialC*/
components PlatformSerialC;
SerialIoM.CC2430UartControl -> PlatformSerialC.CC2430UartControl;
SerialIoM.UartStdControl -> PlatformSerialC.UartStdControl;
SerialIoM.UartStream -> PlatformSerialC.UartStream;
}
```

3. Makefile 文件

```
COMPONENT=SerialIo
######################
#使用 LED 模块
PFLAGS += -DUSE_MODULE_LED
#使用串口调试模块
PFLAGS += -DUART_DEBUG
#调试级别
PFLAGS += -DADBG_LEVEL=9
######################
include $(MAKERULES)
```

实验五 看门狗实验

❖【实验目的】

1. 了解 CC2430 芯片中看门狗(Watchdog)的机制。
2. 熟悉物联网教学平台的使用。

❖【实验设备】

实验设备	数 量	备 注
EMIOT-WGB-1 网关板	1	装配有网关板
USB 线	1	
EMIOT-EMU-1 仿真器	1	下载和调试程序

❖ 【实验原理】

Watchdog 定时器有两种运行模式，一种是 Watchdog 模式，另一种是 Timer 模式。

1．Watchdog 模式

将寄存器中的 WDCTL.MODE 位清零，进入 Watchdog 模式。当 WDCTL.EN 置 1 时，Watchdog Timer 开始计数；当计数达到设定的值时，该定时器产生 reset 信号，系统重启。如果在 WDCTL.CLR[3:0]中顺序写入 0X0A 和 0X5，则 Watchdog Timer 的计数值清零。

2．Timer 模式

当 WDCTL.MODE 位置 1 时，进入 Timer 模式。

控制 Watchdog Timer 操作的寄存器是 WDCTL，物联网教学平台下实现看门狗功能的组件是 WatchDogC.nc 和 WatchDogP.nc。

❖ 【实验步骤】

(1) 点击桌面的"cygwin"快捷方式，打开 cygwin。

(2) 进入"/opt/emdoor/apps/BasicDemos/5_WatchDog"目录下。

(3) 复位仿真器，输入"make zigbem install"把程序下载到网关板中。

(4) 在光盘中的"\Other\CP2101 驱动"目录下解压"CP2101 驱动"文件，并安装好 CP2101 的驱动。

(5) 用 USB 线连接网关板和计算机。从桌面→我的电脑(单击右键)→在硬件选项中点击"设备管理器"按钮，打开设备管理器。

(6) 打开"端口(COM 和 LPT)"，查找网关板串口号。

(7) 在光盘中的"\Other\串口助手"中打开串口助手工具。串口参数设置：波特率为 9600，数据位为 8，停止位为 1，校验位和流控制为 None，如图 7-10 所示。

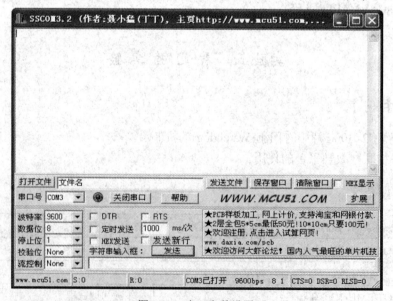

图 7-10 串口参数设置

(8) 复位网关板，查看串口助手中的信息，如图 7-11 所示。

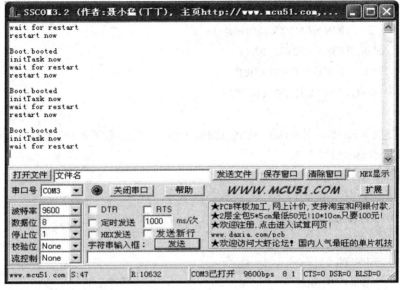

图 7-11　串口助手信息显示

❖ 【实验相关代码】

1. WatchdogP.nc 文件

```
module WatchDogP {
    provides interface WatchDog;
}
Implementation {
    command void WatchDog.resetCpu()
    {/* We'are about to reset the CC2430 throught the WatchDog guy */
        atomic {
            WDCTL = 0x0B;    /* reset the CPU in the smallest period */
        }
    }
}
```

2. WatchDogC.nc 文件

```
configuration WatchDogC {
    provides interface WatchDog;
}
Implementation {
    components WatchDogP;
    WatchDog = WatchDogP;
}
```

3. WatchDogM.nc 文件

```
/*************************************************
 *    FUNCTION NAME : WatchDogM.nc
 *    FUNCTION DESCRIPTION :
 *    FUCNTION DATE :2010/10/15
 *    FUNCTION AUTHOR: EMDOOR
**/
/* 定义调试级别，参考 Makefile 的 ADBG_LEVEL 定义，设置大于等于 ADBG_LEVEL */
#define DBG_LEV     9
module WatchDogM {
    uses interface Boot;
    uses interface WatchDog;
}
Implementation {
    task void initTask(){
        uint16_t i,j;
        ADBG(DBG_LEV, "initTask now \n");
        ADBG(DBG_LEV, "wait for restart \n");
        for(i=0;i<2000;i++)
            for(j=0;j<2000;j++);
        ADBG(DBG_LEV, "restart now \n");
        call WatchDog.resetCpu();
    }
    event void Boot.booted() {
        ADBG(DBG_LEV, "\nBoot.booted\n");
        post initTask();
    }
}
```

4. WatchDogAppC.nc 文件

```
/*************************************************
 *    FUNCTION NAME : WatchDogAppC.nc
 *    FUNCTION DESCRIPTION :
 *    FUCNTION DATE :2010/10/15
 *    FUNCTION AUTHOR: EMDOOR
**/
configuration WatchDogAppC {
}
Implementation {
```

```
        components WatchDogM as App;
        components MainC;   /* TinyOS 主模块，这里用于关联系统启动  */
        /** WatchDogC 模块程序的 Boot 接口与系统 Boot 接口关联*/
        App.Boot -> MainC.Boot;
        components WatchDogC;
        App.WatchDog -> WatchDogC;
    }
```

5. Makefile 文件

```
    COMPONENT=WatchDogAppC
    ####################
    #使用 LED 模块
    PFLAGS += -DUSE_MODULE_LED
    #使用串口调试模块
    PFLAGS += -DUART_DEBUG
    #调试级别
    PFLAGS += -DADBG_LEVEL=9
    #禁止 RF 使用 LED，避免混乱点灯程序
    PFLAGS += -DANT_RADIO_NOT_LED
    ####################
    include $(MAKERULES)
```

实验六　Flash 读写实验

❖ 【实验目的】

1. 掌握 CC2430 芯片 Flash 的读写操作。
2. 熟悉物联网教学平台的使用。

❖ 【实验设备】

实验设备	数　量	备　　注
EMIOT-WGB-1 网关板	1	装配有网关板
USB 线	1	
EMIOT-EMU-1 仿真器	1	下载和调试程序

❖ 【实验原理】

1. Flash 存储器

Flash 存储器具有非易失的特点，即其存储的数据掉电后也不会丢失，因此常用来存储一些设备参数等。

Flash 存储器的组织结构为：每页 2KB，共 64 页(CC2430-F128)。Flash 存储器的写入有别于 RAM、EEPROM 等其他存储介质，写 Flash 时，每 bit 可以由 1 变为 0 而不能由 0 变为 1，必须分页擦除后才能恢复全 "1"。因此，需要修改某页中的部分字节时，需要将本页中用到的所有数据读出到 RAM 空间中修改，然后擦除本页，再将 RAM 中的数据写入。

CC2430 中使用 Flash 控制器来处理 Flash 的读写和擦除。使用 DMA 传输和 CPU 直接访问 SFR 都可以配合 Flash 控制器完成写 Flash 等操作。

2. Flash 操作

DMA 写 Flash：需要写入的数据应存于 XDATA 空间，其首地址作为 DMA 的源地址；目的地址固定为 FWDATA；触发事件为 FLASH，当 FCTL.WRITE 置 "1" 时触发 DMA；传输长度应为 4 的整数倍，否则需要补充；选择字节传输；传输模式为单次模式；选择高优先级(Flash 读写操作详见文件 emdoor/tos/chips/CC2430/flash/HalFlashP.nc)。

❖ **【实验步骤】**

(1) 点击桌面的 "cygwin" 快捷方式，打开 cygwin。

(2) 进入 "/opt/emdoor/apps/BasicDemos/6_Flash" 目录下。

(3) 复位仿真器，输入 "make zigbem install" 把程序下载到网关板中。

(4) 在光盘中的 "\Other\CP2101 驱动" 目录下解压 "CP2101 驱动" 文件，并安装好 CP2101 的驱动。

(5) 用 USB 线连接网关板和计算机。从桌面→我的电脑(单击右键)→在硬件选项中点击 "设备管理器" 按钮，打开设备管理器。

(6) 打开 "端口(COM 和 LPT)"，查找网关板串口号。

(7) 在光盘中的 "\Other\串口助手" 中打开串口助手工具。串口参数设置：波特率为 9600，数据位为 8，停止位为 1，校验位和流控制为 None，如图 7-12 所示。

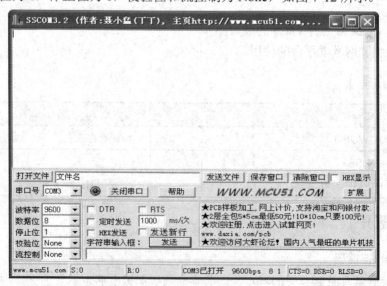

图 7-12　串口参数设置

(8) 复位网关板，查看串口助手中的信息，如图 7-13 所示。

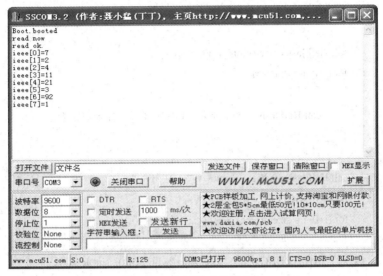

图 7-13　串口助手信息显示

❖ 【实验相关代码】

1. FlashM.nc

```
/***************************************************
*     FUNCTION NAME : FlashM.nc
*     FUNCTION DESCRIPTION :
*     FUCNTION DATE :2010/10/15
*     FUNCTION AUTHOR: EMDOOR
**/
/* 定义调试级别，参考 Makefile 的 ADBG_LEVEL 定义，设置大于等于 ADBG_LEVEL */
#define DBG_LEV      9
module FlashM
{
    uses interface Boot;
    uses interface HalFlash;
}
implementation
{
    uint8_t ieee[8] = {0};
    uint8_t ieee2[8] = {7,2,4,11,21,3,92,1};

    task void initTask()
    {
```

```
        uint8_t i;
        ADBG(DBG_LEV, "read now \n");

        call HalFlash.erase((uint8_t*)0x1fff8);
        for (i=0; i < 8; i+=4)
        {
                call HalFlash.write((uint8_t*)(0x1FFF8+i), (ieee2+i), 4);
        }

        call HalFlash.read(ieee, (uint8_t *)0x1FFF8, 8);
        ADBG(DBG_LEV, "read ok.\n");
        for (i=0; i < sizeof(ieee); ++i)
        {
                ADBG(DBG_LEV, "ieee[%d]=%d\n", (int)i, (int)ieee[i]);
        }
    }
    event void Boot.booted()
    {
        ADBG(DBG_LEV, "Boot.booted\n");
        post initTask();
    }
}
```

2. FlashAppC.nc

```
/*********************************************
 *      FUNCTION NAME : FlashAppC.nc
 *      FUNCTION DESCRIPTION :
 *      FUCNTION DATE :2010/10/15
 *      FUNCTION AUTHOR: EMDOOR
**/

configuration FlashAppC
{
}
implementation
{
    components FlashM as App;
    components MainC;   /* TinyOS2 主模块，这里用于关联系统启动 */
    /** RFDemo 模块程序的 Boot 接口与系统 Boot 接口关联
    */
```

```
App.Boot -> MainC.Boot;

components HalFlashC;
App.HalFlash -> HalFlashC;
}
```

3. Makefile 文件

```
COMPONENT=FlashAppC
#####################
#使用 LED 模块
PFLAGS += -DUSE_MODULE_LED
#使用串口调试模块
PFLAGS += -DUART_DEBUG
#射频，不限制地址
PFLAGS += -DNO_RADIO_ADDRESS_REQ
#调试级别
PFLAGS += -DADBG_LEVEL=9
#禁止 RF 使用 LED，以避免混乱点灯程序
PFLAGS += -DANT_RADIO_NOT_LED
#####################
include $(MAKERULES)
```

实验七　功耗模式实验

❖ 【实验目的】

1. 掌握 CC2430 各种功耗模式之间的切换。
2. 熟悉物联网教学平台的使用。

❖ 【实验设备】

实验设备	数　量	备　　注
EMIOT-WGB-1 网关板	1	装配有网关板
USB 线	1	
EMIOT-EMU-1 仿真器	1	下载和调试程序

❖ 【实验原理】

C2430 芯片有 4 种功耗模式：PM0、PM1、PM2 和 PM3。PM0 为全功能模式，32 MHz 和 16 MHz 振荡器中至少有一个在工作，32 kHz 低频 RC 或晶体振荡器中也至少有一个在工作；从 PM0 到 PM3 功耗逐级降低，PM3 是功耗最低的模式。

功耗模式的设置包括 2 步：首先设置 SLEEP.MODE，然后设置 PCON.IDLE = 1。

❖ 【实验步骤】

(1) 点击桌面的"cygwin"快捷方式，打开 cygwin。

(2) 进入"/opt/emdoor/apps/BasicDemos/7_PowerModes"目录下。

(3) 复位仿真器，输入"make zigbem install"把程序下载到网关板中。

(4) 在光盘中的"\Other\CP2101 驱动"目录下解压"CP2101 驱动"文件，并安装好 CP2101 的驱动。

(5) 用 USB 线连接网关板和计算机。从桌面→我的电脑(单击右键)→在硬件选项中点击"设备管理器"按钮，打开设备管理器。

(6) 打开"端口(COM 和 LPT)"，查找网关板串口号。

(7) 在光盘中的"\Other\串口助手"中打开串口助手工具。串口参数设置：波特率为 9600，数据位为 8，停止位为 1，校验位和流控制为 None，如图 7-14 所示。

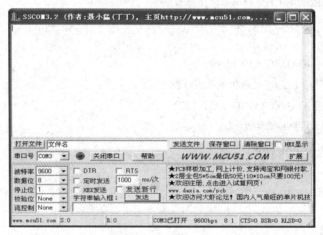

图 7-14　串口参数设置

(8) 复位网关板，查看串口助手的信息，如图 7-15 所示。

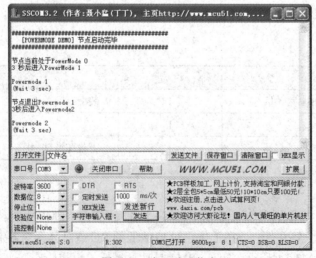

图 7-15　串口助手信息

❖ 【实验相关代码】

1. PowerModeM.nc 文件

```
/**************************************************
*       FUNCTION NAME : PowerModeM.nc
*       FUNCTION DESCRIPTION :模式示例程序
*       FUCNTION DATE :2010/10/15
*       FUNCTION AUTHOR: EMDOOR
**/
/*定义调试级别*/
#define DBG_LEV 1000
module PowerModeM
{
    uses {
        interface Boot;
        interface Timer<TMilli>;
        interface Alarm<T32khz, uint32_t> as SleepAlarm;      // Sleep Timer
    }
}
implementation
{
    /*设置休眠模式*/
    #define SET_POWER_MODE(mode)
    {
        SLEEP = (SLEEP & ~CC2430_SLEEP_MODE_MASK) |mode;
    }
    uint8_t power_mode;
    void before_sleep()
    {
        if(power_mode == CC2430_SLEEP_POWERMODE_1)
        {
            ADBG(DBG_LEV, "\r\nPowermode 1\r\n(Wait 3 sec)\r\n");
        }
        else if(power_mode == CC2430_SLEEP_POWERMODE_2)
        {
            ADBG(DBG_LEV, "\r\nPowermode 2\r\n(Wait 3 sec)\r\n");
        }
```

```
    }
    void after_wakeup()
    {
        if(power_mode == CC2430_SLEEP_POWERMODE_1)
        {
            ADBG(DBG_LEV, "\r\n 节点退出 Powermode 1\r\n3 秒后进入 Powermode2\r\n");
            call Timer.startOneShot(3000);
        }
        else if(power_mode == CC2430_SLEEP_POWERMODE_2)
        {
            ADBG(DBG_LEV, "\r\n 节点退出 Powermode 2\r\n 结束\r\n");
        }
    }
    void sleep(uint8_t mode)
    {
        SET_POWER_MODE(mode);
        before_sleep();
        call SleepAlarm.start(3*32768); //设置休眠时间
        __nesc_enable_interrupt();              //开中断
        PCON = 0x01;          //进入休眠模式
        after_wakeup();       //定时器定时结束，将 MCU 唤醒，继续执行下面的代码
    }
    task void initialTask()
    {
        power_mode = CC2430_SLEEP_POWERMODE_0;
        call Timer.startOneShot(3000);
    }
    event void Boot.booted()
    {
        ADBG(DBG_LEV, "\r\n###########################################\r\n");
        ADBG(DBG_LEV, "     [POWERMODE DEMO] 节点启动完毕\r\n");
        ADBG(DBG_LEV, "###########################################\r\n");

        ADBG(DBG_LEV, "\r\n 节点当前处于 PowerMode 0\r\n3 秒后进入 PowerMode 1\r\n");
        post initialTask();
    }
    event void Timer.fired()
    {
```

```
        power_mode ++;
        sleep(power_mode);
    }
    async event void SleepAlarm.fired()
    {
    }
}
```

2. PowerModeC.nc 文件

```
/***********************************************
*       FUNCTION NAME : PowerModeC.nc
*       FUNCTION DESCRIPTION :模式示例程序
*       FUCNTION DATE :2010/10/15
*       FUNCTION AUTHOR: EMDOOR
**/
configuration PowerModeC
{
}
implementation
{
        components PowerModeM;
        components MainC;
        PowerModeM.Boot -> MainC;
        components new TimerMilliC();
        PowerModeM.Timer -> TimerMilliC;
        components HplCC2430TimerSleepC;
        PowerModeM.SleepAlarm -> HplCC2430TimerSleepC;
}
```

3. Makefile 文件

```
COMPONENT=PowerModeC
#####################
#使用串口调试模块
PFLAGS += -DUART_DEBUG
#调试级别
PFLAGS += -DADBG_LEVEL=1000
MCU_SLEEP = 1
#####################
include $(MAKERULES)
```

实验八　随机序列发生器

❖ 【实验目的】

1. 熟悉随机数发生器的原理和使用。
2. 熟悉物联网教学平台的使用。

❖ 【实验设备】

实验设备	数量	备　注
EMIOT-WGB-1 网关板	1	装配有网关板
USB 线	1	
EMIOT-EMU-1 仿真器	1	下载和调试程序

❖ 【实验原理】

1. 随机数发生器简介

随机数发生器(RNG)在蒙特卡洛计算机、密码学等领域有着广泛的运用。根据随机数产生方式的不同可以分为伪随机数发生器和真随机数发生器两大类。

(1) 伪随机数发生器：由数学公式计算产生随机序列，其所产生的随机序列必然具有一定的周期性，即序列必然会重复出现，而且使用相同的"种子"将产生相同的序列。虽然伪随机发生器产生的随机序列并非真实随机的，但是由于其设计的灵活性、序列可重复性以及基本不需要额外的硬件成本等特点，使得伪随机数发生器的应用依然十分广泛。

(2) 真随机数发生器：真随机数发生器产生的随机数来源于真实的物理过程，因而可以彻底地消除伪随机数的周期性问题，获得高质量的随机序列，这样的序列是不可预测的，其发生源可以是电路热噪声、宇宙噪声、发射性衰变和混沌系统等。

2. 随机数发生器使用

无论用什么方法实现随机数发生器，都必须给它提供一个名为"种子"的初始值，而且这个值最好是随机的，这里可以使用中频 ADC(IF_ADC)采样的随机 RF 接收信号作为随机数发生器的种子。CC2430 中的随机数发生器(RNG)是一个 16 位的线性反馈移位寄存器(LFSR)，使用该 RNG 可以产生伪随机系列、真随机系列以及 CRC 校验等。为 RNG 赋初值的过程称为"播种"。

与 LFSR 直接相关的 SFR 有三个：RNDH、RNDL 和 ADCCON1.RCTRL。其中，RNDH 和 RNDL 直接映射到 16 位 LFSR 的高 8 位和低 8 位，且都可读写；ADCCON1.RCTRL 为 LFSR 的控制寄存器位，详见 CC2430 datasheet。

随机数发生器具有以下两种工作模式：

模式 1：ADCCON1.RCTRL = = [00], Command Strobe Processor(CSP) 使用 RNDXY 读取随机数时，将自动产生新的伪随机数。

模式 2：ADCCON2.RCTRL = = [01]，每一次向 ADCCON1.RCTRL 写入 "01" 都会给 LFSR 提供一个移位脉冲，并导致一个新的随机数产生。

3. 随机数实验程序代码

随机数 "种子" 是由接收链路的 IF_ADC 采样随机的 RF 接收信号而得，采用这种方式时需要先打开 RF 电源并设置为接收模式。随机数产生在组件 CC2430RandomLfsrP.nc 中。

```
inline enableRandomGenerator(){//使能随机数发生器
    ADCCON1 &= ~0x0C;}
inline void clockRandomGenerator() {
    ADCCON1 |= 0x04; //设置随机数发生器的时钟
}
command error_t Init.init() {
    atomic {
        uint8_t i;
        //开启射频电源
        _CC2430_RFPWR = 0x04;
        //等待电源启动
        while(_CC2430_RFPWR & 0x10);
        //打开接收器获取 IF-ADC
        RFST = 0xE2;
        for(i=0; i<0xff; i++);
        enableRandomGenerator();
        for(i=0; i<32; i++)
        {
            RNDH = _CC2430_ADCTSTH;
            clockRandomGenerator();
        }
    }
    return SUCCESS:
}
```

❖ 【实验步骤】

(1) 点击桌面的 "cygwin" 快捷方式，打开 cygwin。

(2) 进入 "/opt/emdoor/apps/BasicDemos/8_Randon" 目录下。

(3) 复位仿真器，输入 "make zigbem install" 把程序下载到网关板中。

(4) 在光盘中的 "\Other\CP2101 驱动" 目录下解压 "CP2101 驱动" 文件，并安装好 CP2101 的驱动。

(5) 用 USB 线连接网关板和计算机。从桌面→我的电脑(单击右键)→在硬件选项中点击 "设备管理器" 按钮，打开设备管理器。

(6) 打开"端口(COM 和 LPT)"，查找网关板串口号。

(7) 在光盘中的"\Other\串口助手"中打开串口助手工具。串口参数设置：波特率为 9600，数据位为 8，停止位为 1，校验位和流控制为 None，如图 7-16 所示。

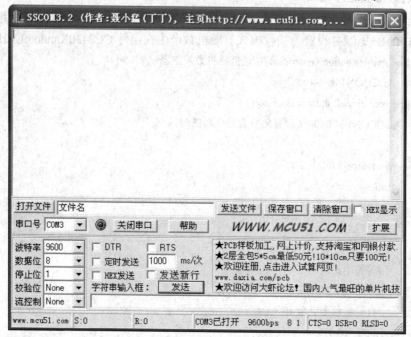

图 7-16　串口参数设置

(8) 复位网关板，查看串口助手的信息，如图 7-17 所示。

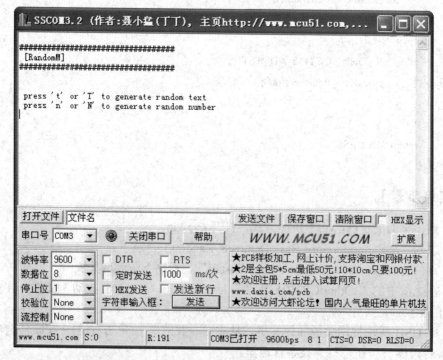

图 7-17　串口助手信息

(9) 从键盘输入 "t" 或 "n", 再查看串口助手的信息, 如图 7-18 所示。

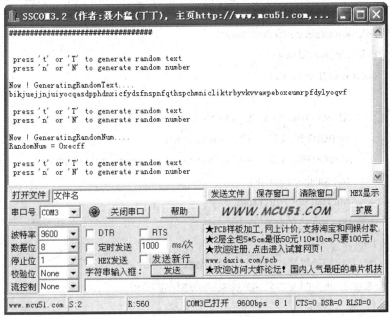

图 7-18 串口助手信息

❖ 【实验相关代码】

1. RandomM.nc 文件

```
/*************************************************
*       FUNCTION NAME : RandomM.nc
*       FUNCTION DESCRIPTION :
*       FUCNTION DATE :2010/10/15
*       FUNCTION AUTHOR: EMDOOR
**/
/* 定义调试级别，参考 Makefile 的 ADBG_LEVEL 定义，设置大于等于 ADBG_LEVEL */
#define DBG_LEV      9
#define RANDOM_TEXT_LEN 80
module RandomM
{
    uses interface Boot;
    uses interface Init as RandomInit;
    uses interface Random;
    uses interface StdControl as UartStdControl;
    uses interface UartStream;
}
implementation
```

```
{
    task void GenerateRandomText();
    task void GenerateRandomNum();
    task void showMenu();
    event void Boot.booted()
    {
        ADBG(DBG_LEV, "\r\n################################\r\n");
        ADBG(DBG_LEV, " [RandomM] \r\n");
        ADBG(DBG_LEV, "################################\r\n");
        call RandomInit.init();
        call UartStdControl.start();
        post showMenu();
    }
    /** 从串口处每接收到一个数据就会触发此事件 */
    async event void UartStream.receivedByte(uint8_t c)
    {
        if(c == 't' || c == 'T')
        {
            post GenerateRandomText();
        }
        if(c == 'n' || c == 'N')
        {
            post GenerateRandomNum();
        }
    }
    task void GenerateRandomText()
    {
        uint8_t i;
        uint8_t rand;
        uint8_t randChar;
        ADBG(DBG_LEV,"\r\nNow ! GeneratingRandomText....\r\n");
        for(i=0;i<RANDOM_TEXT_LEN;i++)
        {
            rand    = (uint8_t )call Random.rand16();
            randChar = 'a' + (rand % ('z' - 'a')) ;
            ADBG(DBG_LEV,"%c",randChar);
        }
        post showMenu();
    }
```

```
task void GenerateRandomNum()
{
        ADBG(DBG_LEV,"\r\nNow ! GeneratingRandomNum....\r\n");
        ADBG(DBG_LEV,"RandomNum = 0x%x",(int)call Random.rand16());
        post showMenu();
}
task void showMenu()
{
        ADBG(DBG_LEV, " \r\n\r\n press 't' or 'T' to generate random text ");
        ADBG(DBG_LEV, " \r\n press 'n' or 'N' to generate random number \r\n");
}
/** 必须定义 UartStream 的其他事件处理 */
async event void UartStream.sendDone(uint8_t *buf, uint16_t len, error_t error)
{
}
async event void UartStream.receiveDone(uint8_t *buf, uint16_t len, error_t error)
{
}
}
```

2. RandomAppC.nc 文件

```
/**********************************************
*      FUNCTION NAME : RandomAppC.nc
*      FUNCTION DESCRIPTION :
*      FUCNTION DATE :2010/10/15
*      FUNCTION AUTHOR: EMDOOR
**/
configuration RandomAppC
{
}
implementation
{
        components RandomM;
        components MainC;    /* TinyOS2 主模块，这里用于关联系统启动 */
        components PlatformSerialC;
        components CC2430RandomLfsrC as RandomC;
        /** RandomM 模块程序的 Boot 接口与系统 Boot 接口关联
        */
        RandomM.Boot -> MainC.Boot;
        RandomM.RandomInit -> RandomC.Init;
```

```
RandomM.Random -> RandomC.Random;

RandomM.UartStdControl -> PlatformSerialC.UartStdControl;

RandomM.UartStream -> PlatformSerialC.UartStream;
}
```

3. Makefile 文件

```
COMPONENT=RandomAppC
#####################
#使用 LED 模块
PFLAGS += -DUSE_MODULE_LED
#使用串口调试模块
PFLAGS += -DUART_DEBUG
#调试级别
PFLAGS += -DADBG_LEVEL=9
#####################
include $(MAKERULES)
```

实验九　AES-128 安全协处理器

❖ 【实验目的】

1. 熟悉如何配置和使用 AES 加密和解密。
2. 熟悉物联网教学平台的使用。

❖ 【实验设备】

实验设备	数　量	备　　注
EMIOT-WGB-1 网关板	1	装配有网关板
USB 线	1	
EMIOT-EMU-1 仿真器	1	下载和调试程序

❖ 【实验原理】

1. AES 简介

高级加密标准(Advanced Encryption Standard, AES)，也称为 Rijndael 算法，其加密速度快，安全级别高，正日益成为加密各种形式电子数据的实际标准。2000 年 10 月，NIST(美国国家标准和技术协会)宣布通过从 15 种候选算法中选出 AES 作为新的加密标准。2002 年 5 月 26 日，NIST 制定了新的高级加密标准规范。

AES 算法基于排列和置换运算，它使用了几种不同的方法来执行排列和置换运算，是一个迭代的、对称密钥分组的加密算法，它可以使用 128、192 和 256 位密钥，并且用 128 位分组加密和解密数据。与公共密钥加密使用密钥对不同，对称密钥加密使用相同的密钥加密和解密数据，通过分组密码返回的加密数据的位数与输入数据相同。迭代加密使用一个循环结构，在该循环中重复置换和替换输入数据。

CC2430 中使用 128 位的密钥，并且使用专用的 AES 协处理器处理加密解密过程，加密过程对 CPU 的占用极少。

AES 协处理器具有下列特性：

(1) 支持 IEEE 802.15.4 的全部安全机制。

(2) 支持 ECB(电子编码加密)、CBC(密码防护链)、CBF(密码反馈)、OFB(输出反馈加密)、CTR(计数模式加密)和 CBC-MAC(密码防护链消息验证代码)模式。

(3) 硬件支持 CCM(CTR+CBC-MAC)模式。

(4) 128 位密钥和初始化向量(IV)/当前时间(Nonce)。

(5) DMA 传送触发能力。

2. AES 实验原理

(1) 设置加密模式(ECB、CBC、CFB、OFB、CTR、CBC-MAC、CCM)；

(2) 加载密钥(key)；

(3) 加载初始化向量(IV)；

(4) 为加密/解密而下载及上传数据。

3. 模式设置

```
#define AES_SETMODE(mode) do { ENCCS &= ~0x70; ENCCS |= mode; } while(0)
#define CBC 0x00
#define CFB 0x10
#define OFB 0x20
#define CTR 0x30
#define ECB 0x40
#define CBC_MAC 0x50
```

4. 加载密钥(key)和初始化向量 IV

在加载密钥或 IV 前，需要设置加载密钥或初始化向量的命令(ENCCS.CMD)，然后启动加载过程(ENCCS.ST)，随后向寄存器 ENCDI 中写入 16 字节的密钥或初始向量。设置密钥或初始向量加载命令的宏定义代码清单如下：

```
#define AES_SET_ENCR_DECR_KEY_IV(mode) do { ENCCS &= ~0x07; ENCCS |= \ mode} while(0)
//where _mode_ is one of
#define AES_ENCRYPT 0x00;
#define AES_DECRYPT 0x02;
#define AES_LOAD_KEY 0x04;
#define AES_LOAD_IV 0x06;
```

启动加载过程：

```
#define AES_START() ENCCS |= 0x01
```

完整的 CPU 加载密钥或初始化向量函数代码的程序清单如下：

```
void LoadKeyOrInitVector(uint8_t* pDat, uint8_t key)
```

```
    {
        uint8_t i;
        //判断是加载密钥或加载初始化向量
        if(key) {
            AES_SET_ENCR_DECR_KEY_IV(AES_LOAD_KEY);
        }
        else {
            AES_SET_ENCR_DECR_KEY_IV(AES_LOAD_IV);
        }
        //启动加载密钥或 IV
        AES_START();
        //开始加载
        for(i = 0; i<16; i ++)
        {
            ENCDI = pData[i];
        }
    }
```

其中，pData 是 16 字节的密钥或初始化向量。

加载密钥或 IV 将终止任何执行中的加解密过程。密钥一旦加载，将持续到下一次重载。IV 必须在下载每段消息(Message)前加载，芯片复位将清除密钥和 IV。

5. 填充输入数据

AES 处理的数据块(block)长度为 128 bit，每段消息(message)分为若干块，如果最后不足 128bit 时需以"0"填满至 128 bit。

6. AES 与 CPU 接口

CPU 通过 SFR 与 AES 协处理器通信。CPU 访问 AES 的一般过程为：加载 IV，设置加密或解密命令，下载数据至 ENCDI，从 ENCDO 上传数据。其完整的函数程序清单如下：

```
    void aesProcess()
    {
        uint16_t i;
        uint8_t j,k;
        uint8_t delay;
        nbrOfBlocks = mLength /16;
        mode = 0;
        //消息长度应为 16 的整数倍，如果不是应该后面补 0 填充
        if((mLength %16)!=0) {
            nbrOfBlocks ++;
        }
        //设定工作模式
```

```
mode = ENCCS & 0x70;
for(convertedBlock = 0; convertedBlock < nbrOfBlocks; convertedBlock++) {
    //启动转化
    AES_START();
    i = convertedBlock*16;
    //CFB\OFB\CTR 模式下操作长度为 4 个字节
    if((mode = = CFB) || (mode = = OFB) || (mode = = CTR)) {
        for(j=0; j<4; j++) {
            //写输入数据，不足的部分补 0
            for(k=0; k<4; k++) {
                ENCDI = ((i+4*j+k < mLength) ? pDataIn[i+4*j+k]:0x00);
            }
            delay = DELAY;
            while(delay--);
            //读出 4 字节数据
            for(k=0; k<4; k++) {
                pDataOut[i+4*j+k] = ENCDO;
            }
        }
    }
    else if(mode == CBC_MAC) {
    //写输入数据，不足的部分补 0
    for(j = 0; j<16; j++) {
        ENCDI = ((i+j < mLength)? pDataIn[i+j]: 0x00);
    }
    //最后一个 block 应该切换到 CBCmoshi
    if(convertedBlock = = nbrOfBlocks – 2) {
        AES_SETMODE(CBC);
        delay = DELAY;
        while(delay --);
    }
    // The CBC-MAC does not produce an output on the n-1 first blocks
    // only the last block is read out
    else if( convertedBlock = = nbrOfBlocks-1) {
        delay = DELAY;
        while(delay--);
        for(j = 0; j<16; j++) {
            pDataOut[j] = ENCDO;
        }
```

```
                }
            }
            else {
                for(j=0; j<16; j++) {
                    ENCDI = ((i+j < mLength) ? pDataIn[i+j] : 0x00);
                }
                delay = DELAY;
                while(delay--);
                for(j=0; j<16; j++) {
                    pDataOut[i+j] = ENCDO;
                }
            }
        }
    }
```

❖ 【实验步骤】

(1) 点击桌面的"cygwin"快捷方式，打开 cygwin。

(2) 进入"/opt/emdoor/apps/BasicDemos/9_AES"目录下。

(3) 复位仿真器，输入"make zigbem install"把程序下载到网关板中。

(4) 在光盘中的"\Other\CP2101 驱动"目录下解压"CP2101 驱动"文件，并安装好 CP2101 的驱动。

(5) 用 USB 线连接网关板和计算机。从桌面→我的电脑(单击右键)→在硬件选项中点击"设备管理器"按钮，打开设备管理器。

(6) 打开"端口(COM 和 LPT)"，查找网关板串口号。

(7) 在光盘的"\Other\串口助手"中打开串口助手工具。串口参数设置：波特率为 9600，数据位为 8，停止位为 1，校验位和流控制为 None，如图 7-19 所示。

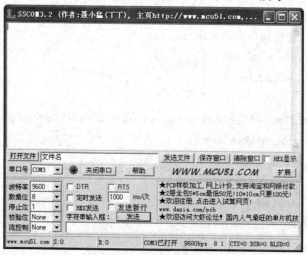

图 7-19　串口参数设置

(8) 复位网关板，查看串口助手的信息，如图 7-20 所示。

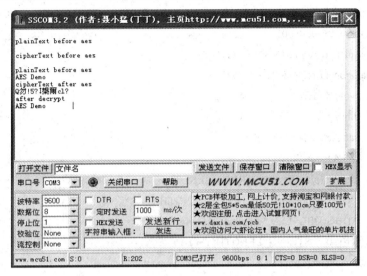

图 7-20　串口助手显示

❖ 【实验相关代码】

1. AESM.nc 文件

```
/**********************************************
*      FUNCTION NAME : AesM.nc
*      FUNCTION DESCRIPTION :
*      FUCNTION DATE :2010/10/15
*      FUNCTION AUTHOR: EMDOOR
**/
#define DBG_LEV      9
#include "aes.h"
module AesM
{
    uses interface Boot;
    uses interface Aes;
}
implementation
{
    #define STRING_LENGTH          16
    #define STRING_LENGTH_DMA  2*16
    #define LENGTH_IV    16
    #define LENGTH_KEY 16
    uint8_t key[LENGTH_KEY] = {0x01, 0x02, 0x03, 0x04, 0x05, 0x06, 0x07, 0x08, 0x09, 0x0A,
```

```
0x0B, 0x0C, 0x0D, 0x0E, 0x0F, 0x11};
        uint8_t IV[LENGTH_IV ] = {0x00, 0x00, 0x00, 0x00, 0x00, 0x00, 0x00, 0x00, 0x00, 0x00, 0x00,
0x00, 0x00, 0x00, 0x00, 0x00};
        char plainText[STRING_LENGTH];
        char cipherText[STRING_LENGTH];
        task void doAes() {
            uint8_t i;
            call Aes.setMode(CTR);
            call Aes.loadKey(key);
            memset(plainText,' ', STRING_LENGTH);
            memset(cipherText,' ', STRING_LENGTH);
            ADBG(DBG_LEV,"\r\nplainText before aes\r\n");
            for(i=0; i<STRING_LENGTH; i++)
            {
                ADBG(DBG_LEV, "%c", plainText[i]);
            }
            ADBG(DBG_LEV, "\r\ncipherText before aes\r\n");
            for(i=0; i<STRING_LENGTH; i++)
            {
                ADBG(DBG_LEV, "%c", cipherText[i]);
            }
            ADBG(DBG_LEV, "\r\nplainText before aes\r\n");
            strcpy(plainText, (char*)"AES Demo");
            for(i=0; i<STRING_LENGTH; i++)
            {
                ADBG(DBG_LEV, "%c", plainText[i]);
            }
            call Aes.encrypt(plainText, STRING_LENGTH, cipherText, IV);
            ADBG(DBG_LEV, "\r\ncipherText after aes\r\n");
            for(i=0; i<STRING_LENGTH; i++)
            {
                ADBG(DBG_LEV, "%c", cipherText[i]);
            }
            call Aes.decrypt(cipherText, STRING_LENGTH, plainText, IV);
            ADBG(DBG_LEV, "\r\nafter decrypt\r\n");
            for(i=0; i<STRING_LENGTH; i++)
            {
                ADBG(DBG_LEV,"%c",plainText[i]);
            }
```

```
        }
        event void Boot.booted()
        {
            post doAes();
        }
    }
```

2. AesAppC.nc 文件

```
/************************************************
*       FUNCTION NAME : AesAppC.nc
*       FUNCTION DESCRIPTION :
*       FUCNTION DATE :2010/10/15
*       FUNCTION AUTHOR: EMDOOR
**/
configuration AesAppC
{
}
implementation
{
    components AesM;
    components MainC;
    components AesC;
    AesM.Boot -> MainC.Boot;
    AesM.Aes -> AesC.Aes;
/*    components new TimerMilliC() as Timer;
      AesM.Timer -> Timer;
*/
}
```

3. Makefile 文件

```
COMPONENT=AesAppC
####################
#使用 LED 模块
PFLAGS += -DUSE_MODULE_LED
#使用串口调试模块
PFLAGS += -DUART_DEBUG
#调试级别
PFLAGS += -DADBG_LEVEL=9
####################
include $(MAKERULES)
```

7.2　TinyOS 通信实验

本节基于 TinyOS 通信进行相关的实验设计，由易到难、循序渐进设计了 5 个实验，从 CC2430 无线发送方法和 IEEE 802.15.4 协议的学习、RSSI 值的获取方法、CC2430 无线信道改变的方法、ADC 模数转换原理及其使用等几个方面分别设计了点对点通信实验、RSSI 测量方法、设置发射功率实验、设置无线信道实验和无线传感器网络实验。

实验一　点对点通信实验

❖ 【实验目的】

1. 学习 CC2430 无线数据发送方法。
2. 了解 IEEE 802.15.4 协议。

❖ 【实验设备】

实验设备	数　量	备　　注
EMIOT-WGB-1 网关板	2	网关板与 PC 的通信
USB 线	2	连接网关板与 PC
EMIOT-EMU-1 仿真器	1	下载和调试程序

❖ 【实验原理】

CC2430/CC2431 的无线接收器是一个低中频的接收器。接收到的射频信号通过低噪声放大器放大而正交降频转换到中频，在中频 2 MHz 中，当 ADC 模数转换时，正义调相信号被过滤和放大。CC2430/CC2431 的数据缓冲区通过先进先出(FIFO)的方式来接收 128 位数据，内存与先进先出缓冲区数据移动使用 DMA 方式来实现。

CC2430/CC2431 无线部分的主要参数如下：

(1) 工作频带范围：2.400～2.4835 GHz；

(2) 采用 IEEE 802.15.4 规范要求的直接序列扩频方式；

(3) 数据速率达 250 kb/s，码片速率达 2 Mchip/s；

(4) 采用 O-QPSK 调制方式；

(5) 高接收灵敏度(-94 dBm)；

(6) 抗邻频道干扰能力强(39 dB)；

(7) 内部集成有 VCO、LNA、PA 以及电源稳压器，采用低电压供电(2.1～3.6 V)；

(8) 输出功率编程可控；

(9) IEEE 802.15.4 MAC 硬件可支持自动帧格式生成、同步插入与检测、10 bit 的 CRC 校验、电源检测、完全自动 MAC 层保护(CTR，CBC-MAC，CCM)。

低中频(10w-IF)接收是 CC2430 的特性之一。CC2430 收到的 RF 信号被低噪声放大器

(LNA)放大，并且将收到的同相信号和正交相位信号(1/Q)降频转换为中频(IF)信号。过滤掉残余在中频(2 MHz)信号中的 1/Q 信号后，放大中频信号，通过 ADC 数字化、自动增益控制，以及信道的过滤、解扩频(de-spreading)、符号相关(symbol correlation)和字节同步 (byte synchronization)等(所有这些都通过数字逻辑完成)，检测出帧开始定界符，就产生中断。CC2430 将收到的数据缓冲存入 128 字节的先进先出(FIFO)接收(RX)队列，用户可以通过特殊功能寄存器来读这个 RXFIFO 队列。建议采用存储器直接存取(DMA)来传送存储器和 FIFO 之间的数据。通过硬件校验 CRC，CC2430 将接收信号强度指示器(RSSI)的相关数值附加到数据帧之中；在接收模式下，通过中断提供空闲信道评估(CCA)。CC2430 的发送基于直接升频转换。

❖ 【实验步骤】

(1) 点击桌面的"cygwin"快捷方式，打开 cygwin。

(2) 进入"/opt/emdoor/apps/RFDemo/1_P2P"目录下。

(3) 复位仿真器，输入"make zigbem install GPR=01 NID=01"把程序下载到网关板 1 中(NID 为 01 网关板，暂定为网关板 1)。

(4) 输入"make zigbem reinstall GPR=01 NID=02"把程序下载到网关板 2 中(NID 为 02 网关板，暂定为网关板 2)。

(5) 在光盘中的"\Other\CP2101 驱动"目录下解压"CP2101 驱动"文件，并安装好 CP2101 的驱动。

(6) 用 USB 线连接网关板和计算机。从桌面→我的电脑(单击右键)→在硬件选项中点击"设备管理器"按钮，打开设备管理器。

(7) 打开"端口(COM 和 LPT)"，查找网关板 1 和网关板 2 的串口号。

(8) 在光盘中的"\Other\串口助手"中打开串口助手工具。串口参数设置：波特率为 9600，数据位为 8，停止位为 1，校验位和流控制为 None，如图 7-21 所示。(注：本实验需打开两个串口助手，复位一下两个网关板。)

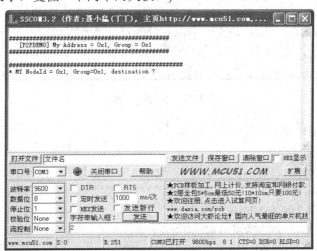

图 7-21　串口参数设置

(9) 选中网关板 1 对应的串口助手，先从键盘上输入目标地址"2"，按回车键；然后再输入需发送的数据"12345"，如图 7-22 所示。

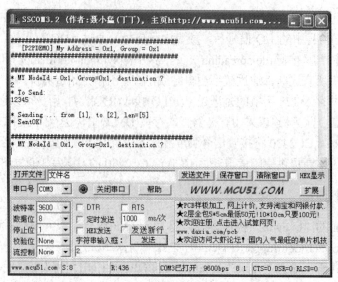

图 7-22　串口输入

(10) 在网关板 2 对应的串口助手上，可以看到网关板 1 发送的数据，如图 7-23 所示。

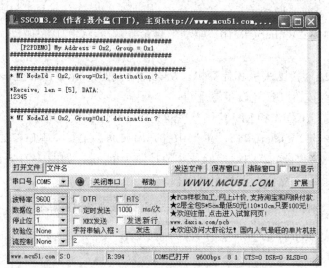

图 7-23　串口助手显示

❖ 【实验相关代码】

1. P2PM.nc 文件

```
/***********************************************
*    FUNCTION NAME : P2PM.nc
*    FUNCTION DESCRIPTION：点对点射频通信
*    FUCNTION DATE :2010/10/18
*    FUNCTION AUTHOR: EMDOOR
**/
```

```
/*定义调试级别*/
#define DBG_LEV 1000
module P2PM
{
    uses {
        interface Boot;
        interface StdControl as UartStdControl;
        interface UartStream;
        interface SplitControl as RFControl;
        interface AMSend;
        interface Receive;
        interface AMPacket;
        interface Packet;
        interface Leds;
    }
}
implementation
{
    enum
    {
        MAX_ADDRESS_LEN = 5,
        INPUT_ADDRESS = 0,
        INPUT_DATA = 1,
    };
    message_t m_msg;
    uint8_t m_len = 0;
    char m_address_str[MAX_ADDRESS_LEN] = {0};
    uint8_t m_address_index = 0;
    uint8_t m_input_type = 0;
    /*显示菜单*/
    task void showMenu()
    {
        if( m_input_type == INPUT_DATA)
        {/*等待输入欲发送的数据*/
            ADBG(DBG_LEV, "\r\n* To Send:\r\n");
        }
        else
        {/*等待输入欲发送的地址*/
            ADBG(DBG_LEV,    "\r\n#############################################
```

```
                  \r\n* MY NodeId = 0x%x, Group=0x%x, destination ?\r\n",
                         ADBG_N(call AMPacket.address()),
                         ADBG_N(TOS_IEEE_PANID)
                  );
                  m_input_type = INPUT_ADDRESS;
                  m_address_index = 0;
           }
    }
    /*将串口输入的地址字符串转化为真实地址*/
    uint16_t getDestAddress()
    {
        uint16_t address = 0;
        uint8_t i = 0;
        if(m_address_index > MAX_ADDRESS_LEN)
        {
            m_address_index = MAX_ADDRESS_LEN -1;
        }
        for ( i=0; i < m_address_index; ++i)
        {
            uint8_t digital = m_address_str[i];
            if(digital >= 'A' && digital <= 'F')
            {
                digital = digital - 'A' + 10;
            }
            else if(digital >= 'a' && digital <= 'f')
            {
                digital = digital - 'a' + 10;
            }
            else if(digital >= '0' && digital <= '9')
            {
                digital = digital - '0';
            }
            address = address*16 +digital;
        }
        return address;
    }
    /*发送数据*/
    task void sendData()
    {
```

```
    uint8_t i;
    uint8_t* payload = call Packet.getPayload(&m_msg, NULL);
    uint16_t address = call AMPacket.address();
    uint16_t dest_address = getDestAddress();
    ADBG( DBG_LEV, "\r\n\r\n* Sending ... from [%d], to [%d], len=[%d]\r\n",
        ADBG_N(address),
        ADBG_N(dest_address),
        ADBG_N(m_len)
    );
    call AMSend.send(dest_address, &m_msg, m_len);
    call Leds.BlueLedToggle();
}
/*发送完处理*/
event void AMSend.sendDone(message_t* msg, error_t success)
{
    ADBG(DBG_LEV, "* Sent%s!\r\n", (success == SUCCESS) ? "OK" : "FAIL");
    m_len = 0;
    m_input_type = INPUT_ADDRESS;
    post showMenu();
}
/*从串口接收数据*/
async event void UartStream.receivedByte(uint8_t c)
{
    if(c != '\r')
    {
        if (m_input_type == INPUT_DATA)
        {/*输入数据*/
            uint8_t* payload = (uint8_t*)call Packet.getPayload(&m_msg, NULL);
            if(m_len >= call Packet.maxPayloadLength())
            {
                return;
            }
            payload[m_len++] = c;
            ADBG(DBG_LEV, "%c", c);
            if(m_len < call Packet.maxPayloadLength())
            {
                return;
            }
        }
```

```
                    else
                    {/*输入地址*/
                        if(m_address_index < MAX_ADDRESS_LEN)
                        {
                            m_address_str[m_address_index++] = c;
                            ADBG(DBG_LEV, "%c", c);
                        }
                        if(m_address_index < MAX_ADDRESS_LEN)
                        {
                            return;
                        }
                    }
                }
                /*按下回车键或者到达最大长度，则处理*/
                if(m_input_type == INPUT_DATA)
                {
                    post sendData();
                }
                else
                {
                    /*地址处理完毕，准备输入数据*/
                    m_input_type = INPUT_DATA;
                    post showMenu();
                }
            }
            /*节点启动完毕*/
            event void Boot.booted()
            {
                /*开启射频*/
                call RFControl.start();
                /*开启串口通信*/
                call UartStdControl.start();
                call Leds.GreenLedOff();
                call Leds.BlueLedOff();
                ADBG(DBG_LEV, "\r\n#########################################\r\n");
                ADBG(DBG_LEV, "        [P2PDEMO] My Address = 0x%x, Group = 0x%x\r\n",
        ADBG_N(call AMPacket.address()), ADBG_N(TOS_IEEE_PANID));
                ADBG(DBG_LEV, "#########################################\r\n");
                m_input_type = INPUT_ADDRESS;
```

```
        post showMenu();
    }
    /* 实现 RFControl 接口中的事件*/
    event void RFControl.startDone(error_t result)
    {
    }
    event void RFControl.stopDone(error_t result)
    {
    }
    /* 实现 UartStream 接口中的事件*/
    async event void UartStream.sendDone(uint8_t* buf, uint16_t len, error_t error)
    {
    }
    async event void UartStream.receiveDone(uint8_t* buf, uint16_t len, error_t error)
    {
    }
    /*射频接收数据*/
    event message_t* Receive.receive(message_t* msg, void* payload, uint8_t len)
    {
        uint8_t i;
        ADBG(DBG_LEV, "\r\n*Receive, len = [%d], DATA:\r\n", ADBG_N(len));
        for(i=0; i < len;   i++)
        {
            ADBG(DBG_LEV, "%c", ((uint8_t*)payload)[i]);
        }
        ADBG(DBG_LEV, "\r\n");
        call Leds.GreenLedToggle();
        m_input_type = INPUT_ADDRESS;
        post showMenu();
    }
}
```

2. P2PC.nc 文件

```
/*************************************************
*    FUNCTION NAME : P2PC.nc
*    FUNCTION DESCRIPTION : 点对点射频通信
*    FUCNTION DATE :2010/10/18
*    FUNCTION AUTHOR: EMDOOR
*/
```

```
configuration P2PC
{
}
implementation
{
        components P2PM;
        components MainC;
        P2PM.Boot -> MainC.Boot;
        components LedsC;
        P2PM.Leds -> LedsC;
        /*串口收发组件*/
        components PlatformSerialC;
        P2PM.UartStdControl -> PlatformSerialC;
        P2PM.UartStream -> PlatformSerialC;
        /*活动消息组件*/
        components ActiveMessageC;
        P2PM.RFControl -> ActiveMessageC;
        P2PM.AMPacket -> ActiveMessageC;
        P2PM.Packet -> ActiveMessageC;

        #define AM_DATA_TYPE 220
        P2PM.AMSend -> ActiveMessageC.AMSend[AM_DATA_TYPE];
        P2PM.Receive -> ActiveMessageC.Receive[AM_DATA_TYPE];
}
```

3. Makefile 文件

```
COMPONENT = P2PC
#######################
#使用串口调试模块
PFLAGS += -DUART_DEBUG
#调试级别
PFLAGS += -DADBG_LEVEL=1000
#射频，不限制地址
PFLAGS += -DNO_RADIO_ADDRESS_REQ
#使用硬件 ACK
PFLAGS += -DCC2420_HW_ACKNOWLEDGEMENTS
#链路层使用重发机制
PFLAGS += -DPACKET_LINK
#使用 CC2420 射频协议栈
```

USE_CC2420_STACK = 1

######################

include $(MAKERULES)

实验二 RSSI 测量实验

❖ 【实验目的】

1. 掌握 RSSI 值的获取方法。
2. 了解 IEEE 802.15.4 协议。

❖ 【实验设备】

实验设备	数 量	备 注
EMIOT-WGB-1 网关板	2	网关板与 PC 的通信
USB 线	2	连接网关板与 PC
EMIOT-EMU-1 仿真器	1	下载和调试程序

❖ 【实验原理】

RSSI 即 Received Signal Strength Indication(接收信号强度指示)，CC2430 芯片中有专门读取 RSSI 值的寄存器，当数据包接收后，CC2430 芯片中的协处理器将该数据包的 RSSI 值写入寄存器，如图 7-23 所示。RSSI 值和接收信号功率的换算关系如下：

$$P = RSSI\_VAL + RSSI\_OFFSET \ [dBm]$$

其中，RSSI_OFFSET 是经验值，一般取-45，在收发节点距离固定的情况下，RSSI 值随发射功率线性增长，如图 7-24 所示。

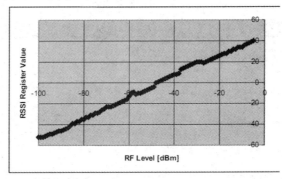

图 7-24　RSSI 随发射功率的变化曲线

❖ 【实验步骤】

(1) 点击桌面的"cygwin"快捷方式，打开 cygwin。
(2) 进入"/opt/emdoor/apps/RFDemo/2_RSSISample"目录下。
(3) 复位仿真器，输入"make zigbem install GPR=01 NID=01"把程序下载到网关板 1

中(NID 为 01 网关板，暂定为网关板 1)。

(4) 输入"make zigbem reinstall GPR=01 NID=02"把程序下载到网关板 2 中(NID 为 02 网关板，暂定为网关板 2)。

(5) 在光盘中的"\Other\CP2101 驱动"目录下解压"CP2101 驱动"文件，并安装好 CP2101 的驱动。

(6) 用 USB 线连接网关板和计算机。从桌面→我的电脑(单击右键)→在硬件选项中点击"设备管理器"按钮，打开设备管理器。

(7) 打开"端口(COM 和 LPT)"，查找网关板 1 和网关板 2 的串口号。

(8) 在光盘中的"\Other\串口助手"中打开串口助手工具。串口参数设置：波特率为 9600，数据位为 8，停止位为 1，校验位和流控制为 None，如图 7-25、图 7-26 所示。(注：本实验需打开两个串口助手，复位一下两个网关板。)

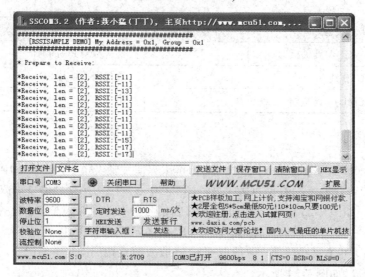

图 7-25　串口参数设置

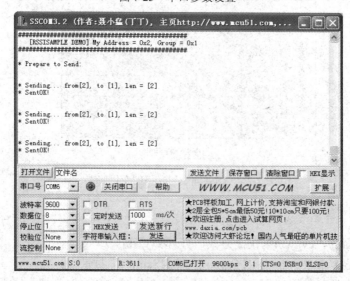

图 7-26　串口参数设置

❖ 【实验相关代码】

1. RSSISampleM.nc 文件

```
/************************************************
*     FUNCTION NAME : RSSISampleM.nc
*     FUNCTION DESCRIPTION : RSSI 采集
*     FUCNTION DATE :2010/10/18
*     FUNCTION AUTHOR: EMDOOR
*/
#define DBG_LEV 1000
module RSSISampleM
{
    uses {
        interface Boot;
        interface Timer<TMilli>;
        interface AMSend;
        interface Receive;
        interface Packet;
        interface AMPacket;
        interface CC2420Packet;
        interface SplitControl as RFControl;
        interface Leds;
    }
}
implementation
{
    message_t msg;
    uint16_t count = 0;

    task void sendTask()
    {
        uint16_t* packet = (uint16_t*)call Packet.getPayload(&msg, NULL);
        packet[0] = count++;
        ADBG(DBG_LEV, "\r\n\r\n* Sending... from[%d], to [%d], len = [%d]\r\n",
            ADBG_N(call AMPacket.address()),
            ADBG_N(1),
            ADBG_N(sizeof(uint16_t))
```

```
        );
        call AMSend.send(1, &msg, sizeof(uint16_t));
        call Leds.BlueLedToggle();
    }
    event void Boot.booted()
    {
        /*开启射频*/
        call RFControl.start();
        call Leds.GreenLedOff();
        call Leds.BlueLedOff();
        ADBG(DBG_LEV, "\r\n##############################################\r\n");
        ADBG(DBG_LEV, "    [RSSISAMPLE DEMO] My Address = 0x%x, Group =
0x%x\r\n", ADBG_N(call AMPacket.address()), ADBG_N(TOS_IEEE_PANID));
        ADBG(DBG_LEV, "##############################################\r\n");
        if(call AMPacket.address() == 1)
        {
            ADBG(DBG_LEV, "\r\n* Prepare to Receive:\r\n");
        }
        else
        {
            ADBG(DBG_LEV, "\r\n* Prepare to Send:\r\n");
        }
    }
    /*实现 RFControl 接口中的事件*/
    event void RFControl.startDone(error_t result)
    {
        /*
            启动定时器定时发送，
            1 号节点收，其他节点发送到 1 号节点
        */
        if(call AMPacket.address() != 1)
        {
            call Timer.startPeriodic(2000);
        }
    }
    event void RFControl.stopDone(error_t result)
    {
    }
```

```
    event void Timer.fired()
    {
        /*定时器定时完成，准备发送数据*/
        post sendTask();
    }
    /*发送完处理*/
    event void AMSend.sendDone(message_t* msg, error_t success)
    {
        ADBG(DBG_LEV, "* Sent%s!\r\n", (success == SUCCESS) ? "OK" : "FAIL");
    }
    /*射频接收数据*/
    event message_t* Receive.receive(message_t* msg, void* payload, uint8_t len)
    {
        int rssi = call CC2420Packet.getRssi(msg);
        ADBG(DBG_LEV, "\r\n*Receive, len = [%d], RSSI:[%d]",
            ADBG_N(len),
            ADBG_N(rssi)
        );
        call Leds.GreenLedToggle();
    }
}
```

2. RSSISampleC.nc 文件

```
/**********************************************
*    FUNCTION NAME : RSSISampleM.nc
*    FUNCTION DESCRIPTION : RSSI 采集
*    FUCNTION DATE :2010/10/18
*    FUNCTION AUTHOR: EMDOOR
*/
configuration RSSISampleC
{
}
implementation
{
    components RSSISampleM;
    components MainC; //Main 组件
    RSSISampleM.Boot -> MainC;

    components LedsC;
```

```
    RSSISampleM.Leds -> LedsC;
    /*活动消息组件*/
    components ActiveMessageC;
    RSSISampleM.Packet -> ActiveMessageC;
    RSSISampleM.AMPacket -> ActiveMessageC;
    RSSISampleM.RFControl -> ActiveMessageC;
    #define AM_DATA_TYPE    123
    RSSISampleM.AMSend -> ActiveMessageC.AMSend[AM_DATA_TYPE];
    RSSISampleM.Receive -> ActiveMessageC.Receive[AM_DATA_TYPE];
    components CC2420PacketC;
    RSSISampleM.CC2420Packet -> CC2420PacketC;
    components new TimerMilliC();
    RSSISampleM.Timer -> TimerMilliC;
}
```

3. Makefile 文件

```
COMPONENT = RSSISampleC
###########################
#使用串口调试模块
PFLAGS += -DUART_DEBUG
#调试级别
PFLAGS += -DADBG_LEVEL=1000
#射频，不限制地址
PFLAGS += -DNO_RADIO_ADDRESS_REQ
#使用硬件 ACK
PFLAGS += -DCC2420_HW_ACKNOWLEDGEMENTS
#链路层使用重发机制
PFLAGS += -DPACKET_LINK
#使用 CC2420 射频协议栈
USE_CC2420_STACK = 1
#######################
include $(MAKERULES)
```

实验三　设置发射功率实验

❖ 【实验目的】

1. 掌握 RSSI 值的获取方法。
2. 了解 IEEE 802.15.4 协议。

❖ 【实验设备】

实验设备	数 量	备 注
EMIOT-WGB-1 网关板	2	网关板与 PC 的通信
USB 线	2	连接网关板与 PC
EMIOT-EMU-1 仿真器	1	下载和调试程序

❖ 【实验原理】

设备的 RF 输出功率是可编程设置的,可以由 RF 寄存器 TXCTRLL、PA_LEVEL 控制。表 7-1 列出了不同设置的输出功率,其中包括控制寄存器 TXCTRLL 的全部编程设置和当前无线模块自身的电流消耗。

表 7-1 不同设置的输出功率

PA_LEVEL	RF 寄存器 TXCTRLL	输出功率/dBm	电流消耗/mA
31	0xFB	0	17.4
27	0xF7	−1	16.5
23	0xF3	−3	15.2
19	0xF3	−5	13.9
15	0xEF	−7	12.5
11	0xEB	−10	11.2
7	0xE7	−15	9.9
3	0xE3	−25	8.5

❖ 【实验步骤】

(1) 点击桌面的"cygwin"快捷方式,打开 cygwin。

(2) 进入"/opt/emdoor/apps/RFDemo/3_SetTransmitPower"目录下。

(3) 复位仿真器,输入"make zigbem install GPR=01 NID=01"把程序下载到网关板 1 中(NID 为 01 网关板,暂定为网关板 1)。

(4) 输入"make zigbem reinstall GPR=01 NID=02"把程序下载到网关板 2 中(NID 为 02 网关板,暂定为网关板 2)。

(5) 在光盘中的"\Other\CP2101 驱动"目录下解压"CP2101 驱动"文件,并安装好 CP2101 的驱动。

(6) 用 USB 线连接网关板和计算机。从桌面→我的电脑(单击右键)→在硬件选项中点击"设备管理器"按钮,打开设备管理器。

(7) 打开"端口(COM 和 LPT)",查找网关板 1 和网关板 2 的串口号。

(8) 在光盘中的 "\Other\串口助手" 中打开串口助手工具。串口参数设置：波特率为 9600，数据位为 8，停止位为 1，校验位和流控制为 None，如图 7-27、图 7-28 所示。(注：本实验需打开两个串口助手，复位一下两个网关板。)

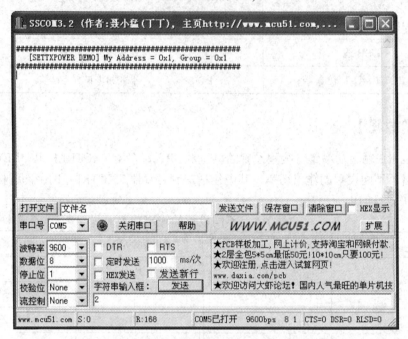

图 7-27　串口参数设置(1)

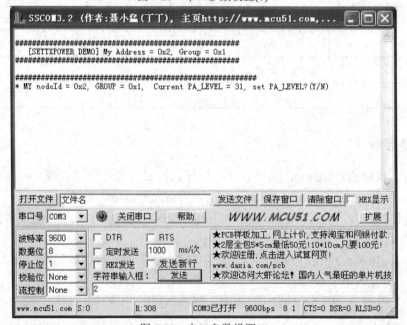

图 7-28　串口参数设置(2)

(9) 选中网关板 2 的串口助手，输入 "y"，然后选中其中的一个选项，如图 7-29、图 7-30 所示。

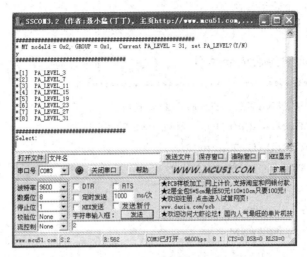

图 7-29 串口助手显示(1)

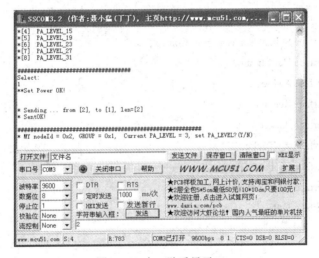

图 7-30 串口助手显示(2)

(10) 网关板 1 的串口助手中会显示接收信息，如图 7-31 所示。

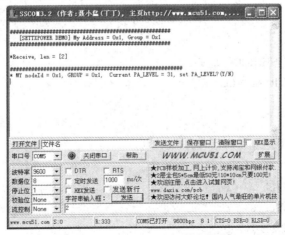

图 7-31 串口助手显示接收信息

❖ 【实验相关代码】

1. SetTransmintPowerM.nc 文件

```
/**************************************************
*      FUNCTION NAME : SetTransmitPowerM.nc
*      FUNCTION DESCRIPTION：射频通信发射功率设置
*      FUCNTION DATE :2010/10/18
*      FUNCTION AUTHOR: EMDOOR
*/
#define DBG_LEV 1000
module SetTransmitPowerM
{
    uses {
        interface Boot;
        interface StdControl as UartStdControl;
        interface UartStream;
        interface AMSend;
        interface Receive;
        interface Packet;
        interface AMPacket;
        interface GlobalTXPower;
        interface SplitControl as RFControl;
        interface Leds;
    }
}
implementation
{
    enum
    {
        INPUT_CHOICE = 0,
        INPUT_PA_LEVEL = 1,
    };
    enum
    {
        PA_LEVEL_31 = 31,
        PA_LEVEL_27 = 27,
        PA_LEVEL_23 = 23,
        PA_LEVEL_19 = 19,
```

```
        PA_LEVEL_15 = 15,
        PA_LEVEL_11 = 11,
        PA_LEVEL_7    = 7,
        PA_LEVEL_3    = 3,
};
message_t msg;
uint16_t count = 0;
uint8_t m_input_type = 0;
bool choice = FALSE;
bool power_input = FALSE;
uint8_t m_power_index = 0;
task void sendData();
/*显示菜单*/
task void showMenu()
{
    if(m_input_type == INPUT_PA_LEVEL)
    {/*等待输入功率值*/
        ADBG(DBG_LEV, "\r\n##############################\r\n");
        ADBG(DBG_LEV, "\r\n*[1]    PA_LEVEL_3\r\n");
        ADBG(DBG_LEV, "*[2]    PA_LEVEL_7\r\n");
        ADBG(DBG_LEV, "*[3]    PA_LEVEL_11\r\n");
        ADBG(DBG_LEV, "*[4]    PA_LEVEL_15\r\n");
        ADBG(DBG_LEV, "*[5]    PA_LEVEL_19\r\n");
        ADBG(DBG_LEV, "*[6]    PA_LEVEL_23\r\n");
        ADBG(DBG_LEV, "*[7]    PA_LEVEL_27\r\n");
        ADBG(DBG_LEV, "*[8]    PA_LEVEL_31\r\n");
        ADBG(DBG_LEV, "\r\n##############################\r\nSelect:\r\n");
        power_input = FALSE;
    }
    else
    {/*选择是否改变功率*/
        ADBG(DBG_LEV, "\r\n########################################
\r\n* MY nodeId = 0x%x, GROUP = 0x%x,   Current PA_LEVEL = %d, set PA_LEVEL?(Y/N)\r\n",
        ADBG_N(call AMPacket.address()),
            ADBG_N(TOS_IEEE_PANID),
            ADBG_N(call GlobalTXPower.getTXPower())
        );
        m_input_type = INPUT_CHOICE;
```

```
            choice = FALSE;
        }
    }
    task void setPower()
    {
        atomic
        {
            switch(m_power_index) {
            case 1:
                call GlobalTXPower.setTXPower(PA_LEVEL_3);
                break;
            case 2:
                call GlobalTXPower.setTXPower(PA_LEVEL_7);
                break;
            case 3:
                call GlobalTXPower.setTXPower(PA_LEVEL_11);
                break;
            case 4:
                call GlobalTXPower.setTXPower(PA_LEVEL_15);
                break;
            case 5:
                call GlobalTXPower.setTXPower(PA_LEVEL_19);
                break;
            case 6:
                call GlobalTXPower.setTXPower(PA_LEVEL_23);
                break;
            case 7:
                call GlobalTXPower.setTXPower(PA_LEVEL_27);
                break;
            case 8:
                call GlobalTXPower.setTXPower(PA_LEVEL_31);
                break;
            default:
                break;
            }
            ADBG(DBG_LEV, "\r\n**Set Power OK!\r\n");
            post sendData();
        }
```

```
    }
task void sendData()
{
    uint8_t i;
    uint8_t* payload = call Packet.getPayload(&msg, NULL);
    uint16_t address = call AMPacket.address();
    uint16_t dest_address = 1;
    count++;
    payload[0] = count;
    payload[1] = count >> 8;
    ADBG( DBG_LEV, "\r\n\r\n* Sending ... from [%d], to [%d], len=[%d]\r\n",
        ADBG_N(address),
        ADBG_N(dest_address),
        ADBG_N(sizeof(count))
    );
    call AMSend.send(dest_address, &msg, sizeof(count));
    call Leds.BlueLedToggle();
}
/*发送完处理*/
event void AMSend.sendDone(message_t* msg, error_t success)
{
    ADBG(DBG_LEV, "* Sent%s!\r\n", (success == SUCCESS) ? "OK" : "FAIL");
    m_input_type = INPUT_CHOICE;
    post showMenu();
}
/*从串口接收数*/
async event void UartStream.receivedByte(uint8_t c)
{
    if(c != '\r')
    {
        if(m_input_type == INPUT_CHOICE)
        {/*输入选择*/
            ADBG(DBG_LEV, "%c", c);
            if(c == 'Y' || c == 'y')
            {
                choice = TRUE;
                return;
            }
```

```
            else if(c == 'N' || c== 'n')
            {
                post sendData();
                return;
            }
            else
            {
                ADBG(DBG_LEV, "\r\n invalid input!!\r\n");
                post showMenu();
                return;
            }
        }
        else
        {/*输入功率等级*/
            ADBG(DBG_LEV, "%c", c);
            if(c >= '1' && c <= '8' && power_input != TRUE)
            {
                m_power_index = (uint8_t)( c - '0');
                power_input = TRUE;
                return;
            }
            else
            {
                ADBG(DBG_LEV, "\r\n invalid input!!\r\n");
                post showMenu();
                return;
            }
        }
    }
    if(m_input_type == INPUT_PA_LEVEL )
    {
        if( power_input == TRUE)
        {
            post setPower();
        }
    }
    else
    {
        if(choice ==TRUE)
```

```
        {
            m_input_type = INPUT_PA_LEVEL;
            post showMenu();
        }
    }
}
/*节点启动*/
event void Boot.booted()
{
    /*开启射频*/
    call RFControl.start();
    /*开启串口通信*/
    call UartStdControl.start();
    call Leds.GreenLedOff();
    call Leds.BlueLedOff();
    ADBG(DBG_LEV, "\r\n################################################## \r\n");
    ADBG(DBG_LEV, "    [SETTXPOWER DEMO] My Address = 0x%x, Group = 0x%x\r\n",
ADBG_N(call AMPacket.address()), ADBG_N(TOS_IEEE_PANID));
    ADBG(DBG_LEV, "##################################################\r\n");
    m_input_type = INPUT_CHOICE;
    if(call AMPacket.address()!=1)
    {
        post showMenu();
    }
}
/* 实现 RFControl 接口中的事件*/
event void RFControl.startDone(error_t result)
{
}
event void RFControl.stopDone(error_t result)
{
}
/** 实现 UartStream 接口中的事件*/
async event void UartStream.sendDone(uint8_t* buf, uint16_t len, error_t error)
{
}
async event void UartStream.recciveDone(uint8_t* buf, uint16_t len, error_t error)
{
}
```

```
/*射频接收数据*/
event message_t* Receive.receive(message_t* msg, void* payload, uint8_t len)
{
    uint8_t i;
    ADBG(DBG_LEV, "\r\n*Receive, len = [%d]\r\n", ADBG_N(len));
    call Leds.GreenLedToggle();
    m_input_type = INPUT_CHOICE;
    post showMenu();
}
}
```

2. SetTransmintPowerC.nc 文件

```
/***********************************************
*    FUNCTION NAME : SetTransmintPowerC.nc
*    FUNCTION DESCRIPTION：射频通信发射功率设置
*    FUCNTION DATE :2010/10/18
*    FUNCTION AUTHOR: EMDOOR
**/
configuration SetTransmitPowerC {
}
Implementation {
    components SetTransmitPowerM;
    components MainC;
    SetTransmitPowerM.Boot -> MainC;
    components LedsC;
    SetTransmitPowerM.Leds -> LedsC;
    components ActiveMessageC;
    SetTransmitPowerM.RFControl -> ActiveMessageC;
    SetTransmitPowerM.AMPacket -> ActiveMessageC;
    SetTransmitPowerM.Packet -> ActiveMessageC;
    #define AM_DATA_TYPE 124
    SetTransmitPowerM.AMSend -> ActiveMessageC.AMSend[AM_DATA_TYPE];
    SetTransmitPowerM.Receive -> ActiveMessageC.Receive[AM_DATA_TYPE];
    components CC2420TransmitC;
    SetTransmitPowerM.GlobalTXPower -> CC2420TransmitC;
    components PlatformSerialC;
    SetTransmitPowerM.UartStdControl -> PlatformSerialC;
    SetTransmitPowerM.UartStream -> PlatformSerialC;
}
```

3. Makefile 文件

```
COMPONENT = SetTransmitPowerC
##########################
#使用串口调试模块
PFLAGS += -DUART_DEBUG
#调试级别
PFLAGS += -DADBG_LEVEL=1000
#射频，不限制地址
PFLAGS += -DNO_RADIO_ADDRESS_REQ
#使用硬件 ACK
PFLAGS += -DCC2420_HW_ACKNOWLEDGEMENTS
#链路层使用重发机制
PFLAGS += -DPACKET_LINK
#使用 CC2420 射频协议栈
USE_CC2420_STACK = 1
#####################
include $(MAKERULES)
```

实验四　设置无线信道实验

❖ 【实验目的】

1. 学习改变 CC2430 无线发射信道的方法。

2. 了解 IEEE 802.15.4 协议。

❖ 【实验设备】

实验设备	数　量	备　　注
EMIOT-WGB-1 网关板	2	网关板与 PC 的通信
USB 线	2	连接网关板与 PC
EMIOT-EMU-1 仿真器	1	下载和调试程序

❖ 【实验原理】

设备的发射信道是可变的，可以通过对位于 FSCTRLH.FREQ[9：8]和 FSCTRLL.FREQF[7:0] 的 10 位频率字进行编程设置操作频率。以 MHz 为单位的操作频率 f_c 由下式表示：

$$f_c = 2048 + FREQ[9:0]$$

式中，FREQ[9:0]是由 FSCTRLH.FREQ[9:8]:FSCTRLL.FREQ[7:0]提供的值。

在接收模式下，由于所用的中频(IF)是 2 MHz，因此实际的本地振荡器(LO)频率是 $f_c \sim$

2 MHz。在发送模式下，采用直接转换，此时本地振荡器频率等于 f_c 中频 2 MHz，由 CC2430 自动提供。

IEEE 802.15.4 指定 16 个信道。它们位于 2.4 GHz 频段之内，步长为 5 MHz，编号为 11～26。信道 k 的 RF 频率由 IEEE 802.15.4 指定如下：

$$f_c = 2405 + 5(k - 11)\text{MHz} \quad (k = 11，12，\cdots，26)$$

运行在信道 k，寄存器 FSCTRLH.FREQ：FSCTRLL.FREQ 应当设置为

FSCTRLH.FREQ：FSCTRLL.FREQ = 357+5(k−11)

❖ 【实验步骤】

(1) 点击桌面的"cygwin"快捷方式，打开 cygwin。

(2) 进入"/opt/emdoor/apps/RFDemo/4_SetRFChannel"目录下。

(3) 复位仿真器，输入"make zigbem install GPR=01 NID=01"把程序下载到网关板 1 中(NID 为 01 网关板，暂定为网关板 1)。

(4) 输入"make zigbem reinstall GPR=01 NID=02"把程序下载到网关板 2 中(NID 为 02 网关板，暂定为网关板 2)。

(5) 在光盘中的"\Other\CP2101 驱动"目录下解压"CP2101 驱动"文件，并安装好 CP2101 的驱动。

(6) 用 USB 线连接网关板和计算机。从桌面→我的电脑(单击右键)→在硬件选项中点击"设备管理器"按钮，打开设备管理器。

(7) 打开"端口(COM 和 LPT)"，查找网关板 1 和网关板 2 的串口号。

(8) 在光盘中的"\Other\串口助手"中打开串口助手工具。串口参数设置：波特率为 9600，数据位为 8，停止位为 1，校验位和流控制为 None(注：本实验需打开两个串口助手)，如图 7-32、图 7-33 所示。复位一下两个网关板。

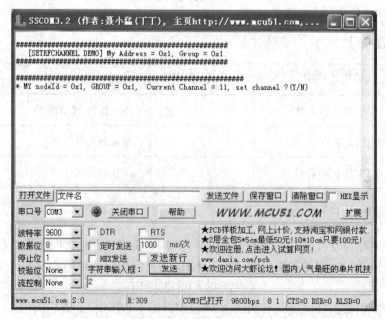

图 7-32　串口参数设置(1)

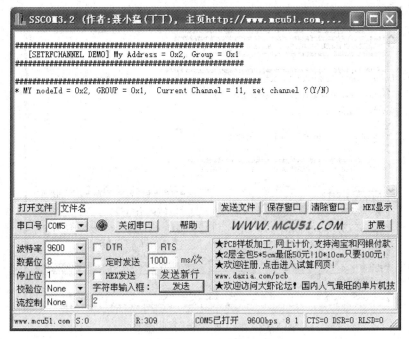

图 7-33　串口参数设置(2)

(9) 先在网关板 1 对应的串口助手中输入"y",按回车键,再输入"12",把网关板 1 的信道改为 12,如图 7-34 所示。

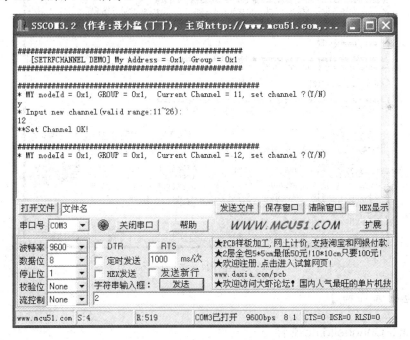

图 7-34　串口助手显示

(10) 先在网关板 2 对应的串口助手中输入"y",按回车键,再输入"12",把网关板 2 的信道改为 12,则在网关板 1 对应的串口助手中可以看到接收的信息,如图 7-35、图 7-36 所示。

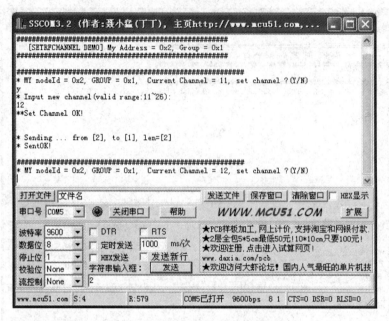

图 7-35　串口助手显示接收信息(1)

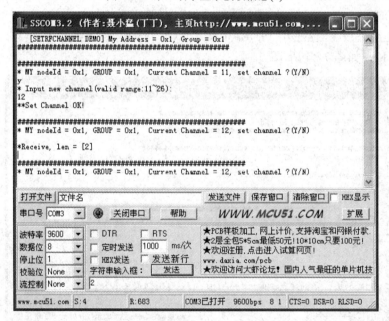

图 7-36　串口助手显示接收信息(2)

❖ 【实验相关代码】

1. SetRFChannelM.nc 文件

```
/************************************************
*    FUNCTION NAME : SetRFChannelM.nc
*    FUNCTION DESCRIPTION : 发射信道设备
```

```
*       FUCNTION DATE :2010/10/19
*       FUNCTION AUTHOR: EMDOOR
**/
#define DBG_LEV 1000
module SetRFChannelM
{
    uses {
        interface Boot;
        interface StdControl as UartStdControl;
        interface UartStream;
        interface AMSend;
        interface Receive;
        interface Packet;
        interface AMPacket;
        interface CC2420Config;
        interface SplitControl as RFControl;
        interface Leds;
    }
}
implementation
{
    enum
    {
        MAX_CHANNEL = 26,
        MIN_CHANNEL = 11,
        MAX_CHANNEL_LEN = 2,
        INPUT_CHOICE = 0,
        INPUT_CHANNEL = 1,
    };
    message_t msg;
    uint16_t count = 0;
    char m_channel_str[MAX_CHANNEL_LEN] = {0};
    uint8_t m_channel_index = 0;
    uint8_t m_input_type = 0;
    bool choice = FALSE;
    task void sendData();
    /*显示菜单*/
    task void showMenu()
    {
```

```
            if(m_input_type == INPUT_CHANNEL)
            {/*等待输入频道值*/
                ADBG(DBG_LEV, "\r\n* Input new channel(valid range:11~26):\r\n");
                m_channel_index = 0;
            }
            else
            {/*选择是否改变频道*/
                ADBG(DBG_LEV,  "\r\n###########################################################
\r\n* MY nodeId = 0x%x, GROUP = 0x%x,    Current Channel = %d, set channel ?(Y/N)\r\n",
                ADBG_N(call AMPacket.address()),
                ADBG_N(TOS_IEEE_PANID),
                ADBG_N(call CC2420Config.getChannel())
                );
                m_input_type = INPUT_CHOICE;
                choice = FALSE;
            }
        }
        uint8_t getChannel()
        {
            uint16_t channel = 0;
            uint16_t i = 0;
            if(m_channel_index > MAX_CHANNEL_LEN)
            {
                m_channel_index = MAX_CHANNEL_LEN -1;
            }

            for ( i=0; i < m_channel_index; ++i)
            {
                uint8_t digital = m_channel_str[i];
                if(digital >= '0' && digital <= '9')
                {
                    digital = digital - '0';
                }
                channel = channel*10 +digital;
            }
            return channel;
        }
        task void setChannel()
        {
```

```
    uint8_t channel;
    channel = getChannel();
    if(channel >= 11    && channel <= 26)
    {
        call CC2420Config.setChannel(channel);
        if(call AMPacket.address() !=1)
        {
            post sendData();
        }
        else
        {
            post showMenu();
            m_input_type = INPUT_CHOICE;
        }
        ADBG(DBG_LEV, "\r\n**Set Channel OK!\r\n");
    }
    else
    {
        ADBG(DBG_LEV, "\r\nInvalid Channel input\r\n");
        post showMenu();
    }
}
task void sendData()
{
    uint8_t i;
    uint8_t* payload = call Packet.getPayload(&msg, NULL);
    uint16_t address = call AMPacket.address();
    uint16_t dest_address = 1;

    count++;
    payload[0] = count;
    payload[1] = count >> 8;

    ADBG( DBG_LEV, "\r\n\r\n* Sending ... from [%d], to [%d], len=[%d]\r\n",
        ADBG_N(address),
        ADBG_N(dest_address),
        ADBG_N(sizeof(count))
    );
    call AMSend.send(dest_address, &msg, sizeof(count));
```

```
        call Leds.BlueLedToggle();
}
/*发送完处理*/
event void AMSend.sendDone(message_t* msg, error_t success)
{
    ADBG(DBG_LEV, "* Sent%s!\r\n", (success == SUCCESS) ? "OK" : "FAIL");
    m_input_type = INPUT_CHOICE;

    post showMenu();
}
/*从串口接收数*/
async event void UartStream.receivedByte(uint8_t c)
{
    if(c != '\r')
    {
        if(m_input_type == INPUT_CHOICE)
        {/*输入选择*/
            ADBG(DBG_LEV, "%c", c);
            if(c == 'Y' || c == 'y')
            {
                choice = TRUE;
                return;
            }
            else if(c == 'N' || c== 'n')
            {
                post sendData();
                return;
            }
            else
            {
                ADBG(DBG_LEV, "\r\n invalid input!!\r\n");
                post showMenu();
                return;
            }
        }
        else
        {/*输入频道值*/
            if(m_channel_index < MAX_CHANNEL_LEN)
            {
```

```
            m_channel_str[m_channel_index++] = c;
            ADBG(DBG_LEV, "%c", c);
        }

        if(m_channel_index < MAX_CHANNEL_LEN)
        {
            return;
        }
    }
}
if(m_input_type == INPUT_CHANNEL)
{
    post setChannel();
}
else
{
    if(choice ==TRUE)
    {
        m_input_type = INPUT_CHANNEL;
        post showMenu();
    }
    return;
}
}
/*节点启动*/
event void Boot.booted()
{
    /*开启射频*/
    call RFControl.start();
    /*开启串口通信*/
    call UartStdControl.start();
    call Leds.GreenLedOff();
    call Leds.BlueLedOff();
    ADBG(DBG_LEV, "\r\n######################################### \r\n");
    ADBG(DBG_LEV, "    [SETRFCHANNEL DEMO] My Address = 0x%x, Group =
0x%x\r\n", ADBG_N(call AMPacket.address()), ADBG_N(TOS_IEEE_PANID));
    ADBG(DBG_LEV, "##########################################\r\n");
    m_input_type = INPUT_CHOICE;
    post showMenu();
```

```
    }
    /** 实现 RFControl 接口中的事件*/
    event void RFControl.startDone(error_t result)
    {
    }
    event void RFControl.stopDone(error_t result)
    {
    }
    /** 实现 UartStream 接口中的事件*/
    async event void UartStream.sendDone(uint8_t* buf, uint16_t len, error_t error)
    {
    }
    async event void UartStream.receiveDone(uint8_t* buf, uint16_t len, error_t error)
    {
    }
    event void CC2420Config.syncDone(error_t err)
    {
    }
    /*射频接收数据*/
    event message_t* Receive.receive(message_t* msg, void* payload, uint8_t len)
    {
        uint8_t i;
        ADBG(DBG_LEV, "\r\n*Receive, len = [%d]\r\n", ADBG_N(len));
        call Leds.GreenLedToggle();
        m_input_type = INPUT_CHOICE;
        post showMenu();
    }
}
```

2. SetRFChannelC.nc 文件

```
/*********************************************
*     FUNCTION NAME : SetRFChannelC.nc
*     FUNCTION DESCRIPTION：发射信道设备
*     FUCNTION DATE :2010/10/19
*     FUNCTION AUTHOR: EMDOOR
**/
configuration SetRFChannelC
{
}
```

```
implementation
{
    components SetRFChannelM;
    components MainC;
    SetRFChannelM.Boot -> MainC;

    components LedsC;
    SetRFChannelM.Leds -> LedsC;
    components ActiveMessageC;
    SetRFChannelM.RFControl -> ActiveMessageC;
    SetRFChannelM.AMPacket -> ActiveMessageC;
    SetRFChannelM.Packet -> ActiveMessageC;
    #define AM_DATA_TYPE 124
    SetRFChannelM.AMSend -> ActiveMessageC.AMSend[AM_DATA_TYPE];
    SetRFChannelM.Receive -> ActiveMessageC.Receive[AM_DATA_TYPE];
    components CC2420ControlC;
    SetRFChannelM.CC2420Config -> CC2420ControlC;
    components PlatformSerialC;
    SetRFChannelM.UartStdControl -> PlatformSerialC;
    SetRFChannelM.UartStream -> PlatformSerialC;
}
```

3. Makefile 文件

```
COMPONENT = SetRFChannelC
#########################
#使用串口调试模块
PFLAGS += -DUART_DEBUG
#调试级别
PFLAGS += -DADBG_LEVEL=1000
#射频，不限制地址
PFLAGS += -DNO_RADIO_ADDRESS_REQ
#使用硬件 ACK
PFLAGS += -DCC2420_HW_ACKNOWLEDGEMENTS
#链路层使用重发机制
PFLAGS += -DPACKET_LINK
#使用 CC2420 射频协议栈
USE_CC2420_STACK = 1
####################
include $(MAKERULES)
```

实验五　无线传感器网络实验——光照传感器

❖ 【实验目的】

1. 学习 CC2430 无线数据的发送方法。
2. 掌握 ADC 原理及其使用。
3. 了解 IEEE 802.15.4 协议。

❖ 【实验设备】

实验设备	数　量	备　　注
EMIOT-WGB-1 网关板	1	网关板与 PC 的通信
USB 线	1	连接网关板与 PC
CC2430 节点模块	1	无线数据的收发
电池板	1	给各模块板供电
光照传感器	1	感知外界光照的强度
系统底板	1	把各模块板组成一个系统
EMIOT-EMU-1 仿真器	1	下载和调试程序

❖ 【实验原理】

CC2430 可以支持多达 14 位的模拟数字转换，其模/数转换器包括一个模拟多路转换器、具有多达 8 路可配置的通道及一个参考电压发生器，转换结果通过 DMA 写入存储器，并且可运行在其他模式。

ADC 有三种控制寄存器，即 ADCCON1、ADCCON2 和 ADCCON3，这些寄存器用于配置 ADC 和保存 ADC 结果。

ADCCON1.EOC 位是一个状态位，当转化结束时，该位置 1，当读取 ADCH 时，该位清除。ADCCON1.ST 用于启动一个转换序列，当该位为高电平时，ADCCON1.STSEl="11"且当前没有转换序列运行，启动一个新的序列，当转换完成，该位自动清除。ADCCON1.STSEL 位选择触发新的转换序列事件，该位可选择为上升沿或者外部引脚事件、之前的序列结束事件、定时器 1 的通道 0 比较事件或者 ADCCON1.ST="1"。

ADCCON2 寄存器控制转换序列是如何执行的。ADCCON2.SREF 用于选择参考电压，参考电压只能在没有转换运行的时候修改。ADCCON2.SDI 选取抽取率，抽取率只能在没有转换运行的时候修改。

ADCCON3 寄存器可知额外转换的通道号码、参考电压和抽取率，该寄存器的编码和 ADCCON2 是完全一样的。

❖ 【实验步骤】

(1) 点击桌面的"cygwin"快捷方式，打开 cygwin。

(2) 进入"/opt/emdoor/apps/RFDemo/5_LightSensor/Coord"目录下。

(3) 通过系统底板上的"download switch"按键选中"No.9"。复位仿真器，输入"make zigbem install GPR=01 NID=01"把程序下载到网关板中。

(4) 进入"/opt/emdoor/apps/RFDemo/5_LightSensor/Node"目录下。

(5) 通过系统底板上的"download switch"按键选中"No.1"(光照传感器在 No.1 的位置)。复位仿真器，输入"make zigbem install GPR=01 NID=02"把程序下载到 No.1 的节点板中。

(6) 在光盘中的"\Other\CP2101 驱动"目录下解压"CP2101 驱动"文件，并安装好 CP2101 的驱动。

(7) 用 USB 线连接网关板和计算机。从桌面→我的电脑(单击右键)→在硬件选项中点击"设备管理器"按钮，打开设备管理器。

(8) 打开"端口(COM 和 LPT)"，查找网关板的串口号。

(9) 打开 PC 端上位机的监控软件 EMPC，选择相应的串口号，如图 7-37 所示。(如果 EMPC 软件还没有安装，需安装一下，可参照光盘中"Document"目录下的"TinyOS 开发环境的搭建"文档。)

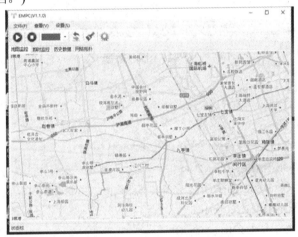

图 7-37　PC 端上位机监控软件

(10) 选择"开始监控"→"即时监控"，可以看到即时监控的光照数据，如图 7-38 所示。

图 7-38　即时监控

(11) 选择"历史数据"→"图表",可以看到光照的图表数据,如图 7-39 所示。

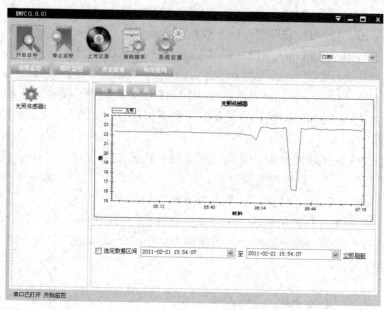

图 7-39　图表数据

❖ 【实验相关代码】

1. NodeC.nc 文件

```
/************************************************
*    FUNCTION NAME : NodeC.nc
*    FUNCTION DESCRIPTION：采集传感器数据，并通过无线发送
*    FUCNTION DATE :2010/10/19
*    FUNCTION AUTHOR: EMDOOR
**/
#include "Node.h"
#include "Sensor.h"
#define DBG_LEV 9
module NodeC
{
    uses {
        interface Boot;                             //tinyos-2.x\tos\interfaces\Boot.nc
        interface Timer<TMilli> as SensorTimer;     //tinyos-2.x\tos\lib\timer\Timer.nc
        interface SensorCollection;
        interface StdControl as WsnControl;         //tinyos-2.x\tos\interfaces\StdControl.nc
        interface Send;                             //tinyos-2.x\tos\interfaces\Send.nc
        interface Intercept;                        //tinyos-2.x\tos\interfaces\Intercept.nc
```

```
        interface Intercept as Snoop;
    interface AMPacket;                          //tinyos-2.x\tos\interfaces\AMPacket.nc
    }
}
implementation
{
    message_t m_sensor_msg;
    uint8_t m_sensor_offset = 0;
    uint8_t* p_sensor_payload;

    task void sensorDataTask()
    {
        error_t result;
        result = call SensorCollection.startSensor(p_sensor_payload,SENSOR_ID_LIGHT);
        if(result != SUCCESS)
        {
            ADBG(1000, "\r\n sensor data error\r\n");
            post sensorDataTask();
        }
    }
    event void Boot.booted()
    {
        ADBG(1000, "\r\n=========== Boot.booted =========\r\n");
        p_sensor_payload = call Send.getPayload(&m_sensor_msg);
        call WsnControl.start();
        call SensorTimer.stop();
        call SensorTimer.startPeriodic(CONFIG_SENSOR_RATE);
    }
    event void SensorTimer.fired()
    {
        ADBG(1000,"\r\n====== SensorTimer fired======\r\n");
        post sensorDataTask();
    }
    task void sendMsgTask()
    {
      if (m_sensor_offset > 0)
      {/* get length of total payload */
            m_sensor_offset += 1;
      }
```

```
            call AMPacket.setGroup(&m_sensor_msg, TOS_IEEE_GROUP);
            call Send.send( &m_sensor_msg, m_sensor_offset);
        }

        event void SensorCollection.sensorDone(uint8_t* data, uint8_t length, error_t result)
        {
            if(result == SUCCESS)
            {
                m_sensor_offset = length;
                post sendMsgTask();
            }
        }
        event void Send.sendDone(message_t *msg, error_t success)
        {
            ADBG(10, "\n**Main Send.sendDone\n");
        }
        event bool Intercept.forward(message_t * msg, void *payload, uint16_t len)
        {
            return TRUE;
        }
        event bool Snoop.forward(message_t * msg, void *payload, uint16_t len)
        {
            return TRUE;
        }
    }
```

2. NodeAppC.nc 文件

```
/***********************************************
*    FUNCTION NAME : NodeAppC.nc
*    FUNCTION DESCRIPTION：采集传感器数据，并通过无线发送
*    FUCNTION DATE :2010/10/18
*    FUNCTION AUTHOR: EMDOOR
**/
#include "Wsn.h"
configuration NodeAppC
{
}
implementation
{
```

```
    components NodeC;
    components MainC;
    components new TimerMilliC() as SensorTimerC;
    components SensorCollectionC;
    components WsnC;
    NodeC.Boot -> MainC;
    NodeC.SensorTimer -> SensorTimerC;
    NodeC.SensorCollection -> SensorCollectionC;
    NodeC.WsnControl -> WsnC.StdControl;
    NodeC.Send -> WsnC.Send[EM_MSG_SENSOR];
    NodeC.Intercept -> WsnC.Intercept[EM_MSG_SENSOR];
    NodeC.Snoop -> WsnC.Snoop[EM_MSG_SENSOR];
    NodeC.AMPacket -> WsnC.AMPacket;
}
```

3. Makefile 文件

```
COMPONENT = NodeAppC
ANT_ROUTE_UPDATE_TIME=8000
MCU_SLEEP_TIME=0
MCU_ACTIVE_TIME=100
#####################
PFLAGS += -DATOSENET   -DUSE_MODULE_LED
PFLAGS += -DANT_ROUTE_UPDATE_TIME=$(ANT_ROUTE_UPDATE_TIME)
PFLAGS   +=-DMCU_SLEEP_TIME=$(MCU_SLEEP_TIME)
-DMCU_ACTIVE_TIME=$(MCU_ACTIVE_TIME)
#####################
include $(MAKERULES)
```

7.3 IAR 基础实验

本节基于 IAR 基础应用进行相关的实验设计，由易到难、循序渐进的顺序设计了十六个实验，从 IAR 编译环境的使用、CC2430 的 GPIO 端口的设置方法、CC2430 的定时器查询方式和使用方法、CC2430 GPIO 的配置方法、定时器 T3 中断方式、CC2430 GPIO 的配置方法、CC2430 的外部中断使用方法、CC2430 片内温度的使用方法、CC2430 的串口通信编程方法、CC2430 的睡眠定时器的使用方法、CC2430 唤醒系统的使用方法、CC2430 的内部 Flash 读写操作编程方法、CC2430 的 AES 的编程方法、CC2430 随机数的产生过程、CC2430 的 SPI 接口驱动 LCD 显示等方面，实例化 IAR 编译环境的使用和CC2430 的使用。

实验一　自动闪烁

❖ 【实验目的】

1. 掌握 CC2430 的 GPIO 端口的设置方法。
2. 掌握 IAR 编译环境的使用。

❖ 【实验设备】

实验设备	数　量	备　　注
EMIOT-WGB-1 网关板	1	装配有网关板
EMIOT-EMU-1 仿真器	1	下载和调试程序

❖ 【实验步骤】

(1) 打开…\IAR 基础实验\FlashLed\Led.eww 工程。

(2) 选择 Debug 工程配置，通过点击"Project"下拉菜单中的"Rebuild All"项来编译应用工程，如图 7-40 所示。

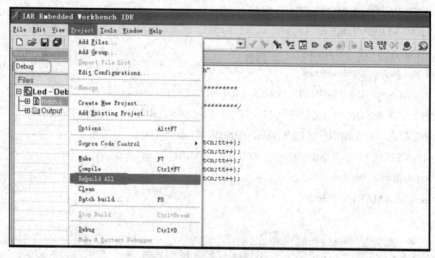

图 7-40　编译应用工程

(3) 先复位仿真器，按 Ctrl + D 键或从"Project"下拉菜单中单击"Debug"菜单项，下载应用程序。

(4) 按 F5 键或从"Debug"下拉菜单中单击"Go"菜单项，运行应用程序。

(5) 查看实验结果，网关板上的四个 LED 指示灯依次按流水灯方式工作。

❖ 【实验相关代码】

…\IAR 基础实验\inc\hal.h 文件中设置 IO 端口的宏　IO_DIR_PORT_PIN(port, pin, dir)

// Macros for configuring IO direction:

// Example usage:

```
//    IO_DIR_PORT_PIN(0, 3, IO_IN);      // Set P0_3 to input
//    IO_DIR_PORT_PIN(2, 1, IO_OUT);     // Set P2_1 to output
#define IO_DIR_PORT_PIN(port, pin, dir)
    do {
        if (dir == IO_OUT)
            P##port##DIR |= (0x01<<(pin));
        else
            P##port##DIR &= ~(0x01<<(pin));
    }while(0)
// Where port={0,1,2}, pin={0,..,7} and dir is one of:
#define IO_IN     0
#define IO_OUT    1
```

…\IAR 基础实验\inc\smartrfeb.h 文件中对 LED 端口配置为普通输出 IO 口以及初始化

```
/*********************************************************************
LED
*********************************************************************/
#define LED_OFF 0
#define LED_ON    1
#define LED1              P0_1
#define LED2              P1_4
#define LED3              P1_1
#define LED4              P1_0
#define INIT_LED1()       do { LED1 = LED_OFF; IO_DIR_PORT_PIN(0, 1, IO_OUT); P0SEL
&= ~0x02;}   while (0)
#define INIT_LED2()       do { LED2 = LED_OFF; IO_DIR_PORT_PIN(1, 4, IO_OUT); P1SEL
&= ~0x10;}   while (0)
#define INIT_LED3()       do { LED3 = LED_OFF; IO_DIR_PORT_PIN(1, 1, IO_OUT); P1SEL
&= ~0x02;}   while (0)
#define INIT_LED4()       do { LED4 = LED_OFF; IO_DIR_PORT_PIN(1, 0, IO_OUT); P1SEL
&= ~0x01;}   while (0)
#define INIT_LED_PORT()   do{ INIT_LED1(); INIT_LED2(); INIT_LED3(); INIT_LED4(); }while(0)
```

实验二　按键控制 LED 指示灯闪烁

❖ 【实验目的】

1. 掌握 CC2430 的 GPIO 端口的设置方法。
2. 掌握 IAR 编译环境的使用。

❖ 【实验设备】

实验设备	数量	备　注
EMIOT-WGB-1 网关板	1	装配有网关板
EMIOT-EMU-1 仿真器	1	下载和调试程序

❖ 【实验步骤】

(1) 打开…\IAR 基础实验\keyflash\keyflash.eww 工程。

(2) 选择 Debug 工程配置，通过点击 "Project" 下拉菜单中的 "Rebuild All" 项来编译应用工程，如图 7-41 所示。

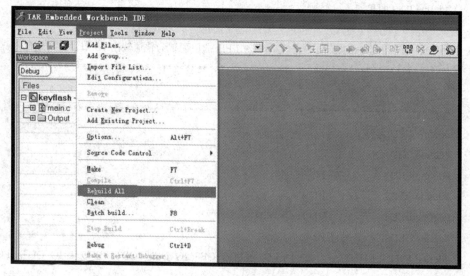

图 7-41　编译应用工程

(3) 先复位仿真器，按 Ctrl + D 键或从 "Project" 下拉菜单中单击 "Debug" 菜单项，下载应用程序。

(3) 按 F5 键或从 "Debug" 下拉菜单中单击 "Go" 菜单项，运行应用程序。

(5) 分别按 SW5 键和 SW8 键，查看 LED3 和 LED4 指示灯的变化情况。

❖ 【实验使用函数】

　　…\IAR 基础实验\inc\hal.h 文件中设置 IO 端口的宏 IO_DIR_PORT_PIN(port, pin, dir)

　　// Macros for configuring IO direction:

　　// Example usage:

　　//　　IO_DIR_PORT_PIN(0, 3, IO_IN);　　// Set P0_3 to input

　　//　　IO_DIR_PORT_PIN(2, 1, IO_OUT);　　// Set P2_1 to output

　　#define IO_DIR_PORT_PIN(port, pin, dir)

　　　　do {

```
    if (dir == IO_OUT)
        P##port##DIR |= (0x01<<(pin));
    else
        P##port##DIR &= ~(0x01<<(pin));
  }while(0)
// Where port={0,1,2}, pin={0,..,7} and dir is one of:
#define IO_IN    0
#define IO_OUT   1
```

···\IAR 基础实验\inc\hal.h 文件中设置 IO 端口模式的宏 IO_IMODE_PORT_PIN (port, pin, dir)

```
// Macros for configuring IO input mode:
// Example usage:
//    IO_IMODE_PORT_PIN(0,0,IO_IMODE_PUD);
//    IO_IMODE_PORT_PIN(2,0,IO_IMODE_TRI);
//    IO_IMODE_PORT_PIN(1,3,IO_IMODE_PUD);
#define IO_IMODE_PORT_PIN(port, pin, imode)
  do {
      if (imode == IO_IMODE_TRI)
          P##port##INP |= (0x01<<(pin));
      else
          P##port##INP &= ~(0x01<<(pin));
  } while (0)
// where imode is one of:
#define IO_IMODE_PUD    0 // Pull-up/pull-down
#define IO_IMODE_TRI    1 // Tristate
```

···\IAR 基础实验\inc\smartrfeb.h 文件中对 LED 端口配置为普通输出 IO 口以及初始化

```
/*************************************************************************
LED
*************************************************************************/
#define LED_OFF 0
#define LED_ON    1
#define LED1            P0_1
#define LED2            P1_4
#define LED3            P1_1
#define LED4            P1_0
#define INIT_LED1()        do { LED1 = LED_OFF; IO_DIR_PORT_PIN(0, 1, IO_OUT); P0SEL
&= ~0x02;}    while (0)
#define INIT_LED2()        do { LED2 = LED_OFF; IO_DIR_PORT_PIN(1, 4, IO_OUT); P1SEL
&= ~0x10;}    while (0)
#define INIT_LED3()        do { LED3 = LED_OFF; IO_DIR_PORT_PIN(1, 1, IO_OUT); P1SEL
```

```
                    &= ~0x02;}    while (0)
    #define INIT_LED4()          do { LED4 = LED_OFF; IO_DIR_PORT_PIN(1, 0, IO_OUT); P1SEL
&= ~0x01;}    while (0)
    #define INIT_LED_PORT()   do{ INIT_LED1(); INIT_LED2(); INIT_LED3(); INIT_LED4(); }while(0)
```

···\IAR 基础实验\inc\smartrfeb.h 文件中将 OK 键和 CANCEL 键端口配置为三态输入 IO 口

```
/********************************************************************
KEY I/O
********************************************************************/
#define   KEY_CANCEL           P0_5
#define   KEY_OK               P0_4
……
#define INIT_CANCEL()     do {
          IO_DIR_PORT_PIN(0, 4, IO_IN);
          IO_IMODE_PORT_PIN(0,4,IO_IMODE_TRI); } while (0)

#define INIT_OK()          do {
                              IO_DIR_PORT_PIN(0, 5, IO_IN);
                              IO_IMODE_PORT_PIN(0,5,IO_IMODE_TRI);} while (0)
#define INIT_KEY_PORT()          do{INIT_OK() ;INIT_CANCEL();}while(0)
```

实验三　定时器T1 的应用

❖【实验目的】

1. 掌握 CC2430 的定时器查询方式和使用方法。
2. 掌握 CC2430 的 GPIO 的配置方法。
3. 掌握 IAR 编译环境的使用。

❖【实验设备】

实验设备	数　量	备　注
EMIOT-WGB-1 网关板	1	装配有网关板
EMIOT-EMU-1 仿真器	1	下载和调试程序

❖【实验步骤】

(1) 打开···\IAR 基础实验\Timer1\Timer1.eww 工程。

(2) 选择 Debug 工程配置，通过点击"Project"下拉菜单中的"Rebuild All"项来编译应用工程，如图 7-42 所示。

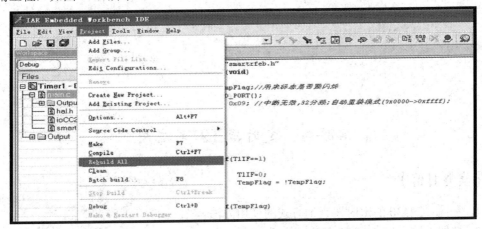

图 7-42 编译应用工程

(3) 先复位仿真器，按 Ctrl+D 键或从"Project"下拉菜单中单击"Debug"菜单项，下载应用程序。

(4) 按 F5 键或从"Debug"下拉菜单中单击"Go"菜单项，运行应用程序。

(5) 查看网关板上四个 LED 指示灯的变化情况。

❖ 【实验相关代码】

…\IAR 基础实验\Timer1\main.c

```
void main(void)
{
    BYTE TempFlag;//用来标志是否要闪烁
    INIT_LED_PORT();
    T1CTL = 0x09;     //中断无效,32 分频;自动重装模式(0x0000->0xffff);
    LED2=1;
    LED1=0;
    LED3=0;
    LED4=1;
    while(1)
    {
        if(T1IF==1)
        {
            T1IF=0;
            TempFlag = !TempFlag;
        }
        if(TempFlag)
        {
            LED1 = !LED1;     //LED
```

```
        LED2 = !LED2;
        LED3 = !LED3;
        LED4 = !LED4;
    }
  }
}
```

实验四 定时器 T2 的应用

❖ 【实验目的】

1. 掌握 CC2430 的定时器查询方式的使用方法。
2. 掌握 CC2430 的 GPIO 的配置方法。
3. 掌握 IAR 编译环境的使用。

❖ 【实验设备】

实验设备	数 量	备 注
EMIOT-WGB-1 网关板	1	装配有网关板
EMIOT-EMU-1 仿真器	1	下载和调试程序

❖ 【实验步骤】

(1) 打开…\IAR 基础实验\Timer2\Timer2.eww 工程。

(2) 选择 Debug 工程配置，通过点击 "Project" 下拉菜单中的 "Rebuild All" 项来编译应用工程，如图 7-43 所示。

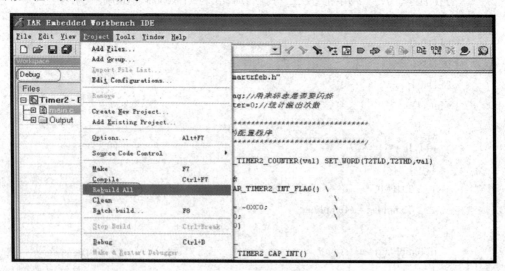

图 7-43 编译应用工程

(3) 先复位仿真器，按 Ctrl + D 键或从 "Project" 下拉菜单中单击 "Debug" 菜单项，下载应用程序。

(4) 按 F5 键或从 "Debug" 下拉菜单中单击 "Go" 菜单项，运行应用程序。

(5) 查看网关板上四个 LED 指示灯的变化情况。

❖ 【实验相关代码】

```
       …\IAR 基础实验\Timer2\main.c 定时器 T2 的配置宏定义
/****************************************
//初始化 T2 的配置程序
****************************************/
#define SET_TIMER2_COUNTER(val) SET_WORD(T2TLD,T2THD,val)
//清中断标志
#define CLEAR_TIMER2_INT_FLAG()
  do{
    T2CNF &= ~0XC0;
    T2IF = 0;
    }while(0)
//溢出中断
#define SET_TIMER2_CAP_INT()
  do{
    EA = 1;
    T2IE = 1;
    T2PEROF2 |= 0x40;
    }while(0)
//设定溢出值  -
#define SET_TIMER2_CAP_COUNTER(val) SET_WORD(T2CAPLPL,T2CAPHPH,val)
//定时器 T2 的中断程序
#pragma vector=T2_VECTOR
__interrupt void T2_ISR(void)
  {
    CLEAR_TIMER2_INT_FLAG();          //清 T2 中断标志
      if(counter<200)counter++;     //200 次中断 LED 闪烁一轮
      else
      {
        counter = 0;                    //计数清零
        TempFlag = 1;                   //改变闪烁标志
      }
  }
```

实验五　定时器 T3 的应用

❖ 【实验目的】

1. 掌握 CC2430 的定时器 T3 中断方式的使用方法。
2. 掌握 CC2430 的 GPIO 的配置方法。
3. 掌握 IAR 编译环境的使用。

❖ 【实验设备】

实验设备	数量	备　注
EMIOT-WGB-1 网关板	1	装配有网关板
EMIOT-EMU-1 仿真器	1	下载和调试程序

❖ 【实验步骤】

(1) 打开…\IAR 基础实验\Timer3\Timer3.eww 工程。

(2) 选择 Debug 工程配置，通过点击"Project"下拉菜单中的"Rebuild All"项来编译应用工程，如图 7-44 所示。

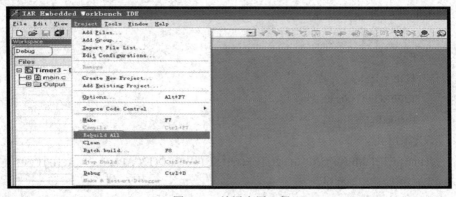

图 7-44　编译应用工程

(3) 先复位仿真器；按 Ctrl + D 键或从"Project"下拉菜单中单击"Debug"菜单项，下载应用程序。

(4) 按 F5 键或从"Debug"下拉菜单中单击"Go"菜单项，运行应用程序。

(5) 查看网关板上四个 LED 指示灯的变化情况。

❖ 【实验相关函数】

1. …\IAR 基础实验\Timer3\hal.c 定时器 T3、T4 的初始化宏定义 TIMER34_INIT(timer) 和使能中断宏定义

```
// Macro for initialising timer 3 or 4
#define TIMER34_INIT(timer)
```

```
        do {
            T##timer##CTL    = 0x06;
            T##timer##CCTL0 = 0x00;
            T##timer##CC0    = 0x00;
            T##timer##CCTL1 = 0x00;
            T##timer##CC1    = 0x00;
        } while (0)
//Macro for enabling overflow interrupt
#define TIMER34_ENABLE_OVERFLOW_INT(timer,val)
    (T##timer##CTL =    (val) ? T##timer##CTL | 0x08 : T##timer##CTL & ~0x08)
```

2. 定时器 T3、T4 分频设置宏定义和工作模式设置宏定义

```
#define TIMER34_SET_CLOCK_DIVIDE(timer,val)
    do{
        T##timer##CTL &= ~0XE0;
        (val==2) ? (T##timer##CTL|=0X20):
        (val==4) ? (T##timer##CTL|=0x40):
        (val==8) ? (T##timer##CTL|=0X60):
        (val==16)? (T##timer##CTL|=0x80):
        (val==32)? (T##timer##CTL|=0xa0):
        (val==64) ? (T##timer##CTL|=0xc0):
        (val==128) ? (T##timer##CTL|=0XE0):
        (T##timer##CTL|=0X00);                    /* 1 */
    }while(0)
//Macro for setting the mode of timer3
//设置 T3 的工作方式
#define TIMER34_SET_MODE(timer,val)
    do{
        T##timer##CTL &= ~0X03;
        (val==1)?(T##timer##CTL|=0X01):  /*DOWN              */
        (val==2)?(T##timer##CTL|=0X02):  /*Modulo            */
        (val==3)?(T##timer##CTL|=0X03):  /*UP / DOWN         */
        (T##timer##CTL|=0X00);               /*free runing */
    }while(0)
```

实验六　继电器驱动实验

❖ 【实验目的】

1. 掌握 CC2430 GPIO 的配置方法。

2. 掌握 IAR 编译环境的使用。

❖ 【实验设备】

实验设备	数量	备　　注
EMIOT-WGB-1 网关板	1	装配有网关板
继电器传感器	1	
EMIOT-EMU-1 仿真器	1	下载和调试程序

❖ 【实验步骤】

(1) 打开···\IAR 基础实验\Relay\relay.eww 工程。

(2) 选择 Debug 工程配置，通过点击"Project"下拉菜单中的"Rebuild All"项来编译应用工程，如图 7-45 所示。

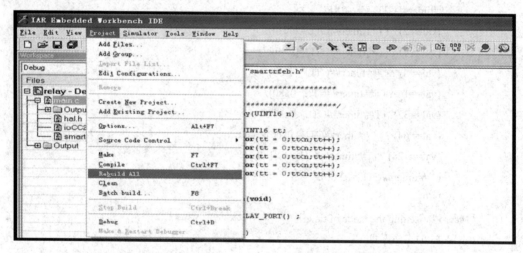

图 7-45　编译应用工程

(3) 先复位仿真器，按 Ctrl + D 键或从"Project"下拉菜单中单击"Debug"菜单项，下载应用程序。

(4) 按 F5 键或从"Debug"下拉菜单中单击"Go"菜单项，运行应用程序。

(5) 查看实验结果，观察系统板上继电器的工作情况。

❖ 【实验相关代码】

···\IAR 基础实验\Relay\Smartrfeb.h 继电器所在的 GPIO 定义普通输出口

```
/*************************************************************************
Relay
*************************************************************************/
#define RELAY_OFF 0
#define RELAY_ON   1
```

```
#define RELAY              P1_0
#define INIT_RELAY_PORT()            do { RELAY = RELAY_OFF; IO_DIR_PORT_PIN(1, 0,
IO_OUT); P1SEL &= ~0x01;} while (0)
#define SET_RELAY()   (RELAY = RELAY_ON)
#define CLR_RELAY()   (RELAY = RELAY_OFF)
```

实验七　外部中断实验

❖ 【实验目的】

1. 掌握 CC2430 外部中断的使用方法。
2. 掌握 IAR 编译环境的使用。

❖ 【实验设备】

实验设备	数量	备　注
EMIOT-WGB-1 网关板	1	装配有网关板
EMIOT-EMU-1 仿真器	1	下载和调试程序

❖ 【实验步骤】

(1) 打开…\IAR 基础实验\interrupt\interrupt.eww 工程。

(2) 选择 Debug 工程配置，通过点击"Project"下拉菜单中的"Rebuild All"项来编译应用工程，如图 7-46 所示。

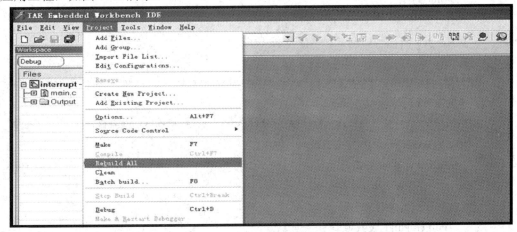

图 7-46　编译应用工程

(3) 先复位仿真器，按 Ctrl + D 键或从"Project"下拉菜单中单击"Debug"菜单项，下载应用程序。

(4) 按 F5 键或从"Debug"下拉菜单中单击"Go"菜单项，运行应用程序。

(5) 分别按 SW5 键和 SW8 键，查看网关板上 LED4 和 LED5 指示灯的变化情况。

❖ 【实验相关代码】

…\IAR 基础实验\interrupt\main.c

```
/*****************************************
//io 及 interrupt 初始化
******************************************/
void Init(void)
{
    INIT_KEY_PORT();
    IO_PUD_PORT(0,IO_PULLDOWN);
    PICTL |=0x11;
    EA = 1;
    P0IE = 1;
    P0IFG &= ~0x30;     //P04 P05 中断标志清 0
}
/*****************************************
//主函数
******************************************/
void main(void)
{
    INIT_LED_PORT();
    Init();
    while(1)
    {
    };
}
/**************************************************************
//中断服务程序
**************************************************************/
#pragma vector =P0INT_VECTOR
__interrupt void P0_ISR(void)
{
        //按键中断
    P0IFG=P0IFG &0x30;
    if(P0IFG==0x10 )      //K1
        LED3 = !LED3;
    if (P0IFG==0x20 )     //K3
        LED2 = !LED2;
        P0IFG &= 0;               //清中断标志
```

```
    }
```

实验八　片内温度传感器测试实验

❖ 【实验目的】

1. 掌握 CC2430 片内温度的使用方法。
2. 掌握 CC2430 的 ADC 转换的使用方法与原理。
3. 掌握 IAR 编译环境的使用。

❖ 【实验设备】

实验设备	数　量	备　　注
EMIOT-WGB-1 网关板	1	装配有网关板
USB 线	1	用于串口数据输出
EMIOT-EMU-1 仿真器	1	下载和调试程序

❖ 【实验步骤】

(1) 打开…\IAR 基础实验\Temperature\Temperature.eww 工程。

(2) 选择 Debug 工程配置，通过点击"Project"下拉菜单中的"Rebuild All"项来编译应用工程，如图 7-47 所示。

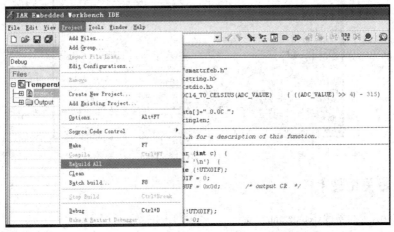

图 7-47　编译应用工程

(3) 先复位仿真器，按 Ctrl + D 键或从"Project"下拉菜单中单击"Debug"菜单项，下载应用程序。

(4) 在光盘中的"\Other\CP2101 驱动"目录下解压"CP2101 驱动"文件，并安装好 CP2101 的驱动。

(5) 用 USB 线连接网关板和计算机。从桌面→我的电脑(单击右键)→在硬件选项中点击"设备管理器"按钮，打开设备管理器。

(6) 打开"端口(COM 和 LPT)",查找网关板串口号。

(7) 在光盘中的"\Other\串口助手",打开串口助手工具。串口参数设置：波特率为 57600，数据位为 8，停止位为 1，校验位和流控制为 None，如图 7-48 所示。

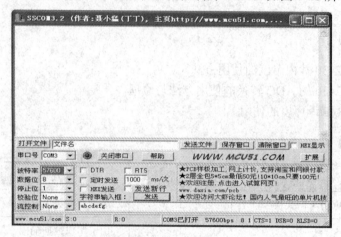

图 7-48　串口参数设置

(8) 按 F5 键或从"Debug"下拉菜单中单击"Go"菜单项，运行应用程序。

(9) 查看串口助手的数据输出，如图 7-49 所示。

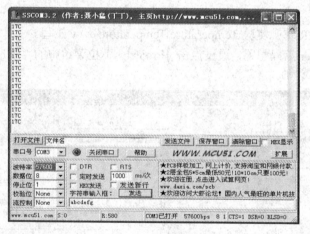

图 7-49　串口助手

❖ 【实验相关代码】

…\IAR 基础实验\Temperature \main.c

```
void initTempSensor(void)
{   DISABLE_ALL_INTERRUPTS();
    SET_MAIN_CLOCK_SOURCE(0);
    *((BYTE __xdata*) 0xDF26) = 0x80;
}
INT8 getTemperature(void){
    UINT8    i;
```

```
UINT16    accValue;
UINT16    value;
accValue = 0;
for( i = 0; i < 4; i++ ){
    ADC_SINGLE_CONVERSION(ADC_REF_1_25_V | ADC_14_BIT | ADC_TEMP_SENS);
    ADC_SAMPLE_SINGLE();
    while(!ADC_SAMPLE_READY());
    value =   ADCL >> 2;
    value |= (((UINT16)ADCH) << 6);
    accValue += value;
}
value = accValue >> 2; // devide by 4
return ADC14_TO_CELSIUS(value);
}
void main(void)
{
    char i;
    INT16 avgTemp;
    initTempSensor();                           //初始化 ADC
      // Setting up UART
    UART_SETUP(0, 57600, HIGH_STOP);//
    UTX0IF = 1;   // Set UART 0 TX interrupt flag
    while(1){
        avgTemp = 0;
        for(i = 0 ; i < 64 ; i++){
            avgTemp += getTemperature();
            avgTemp >>= 1;
        }
        printf((char*)"%dC\n", (char)avgTemp);
        Delay(20000);
    }
}
```

实验九　GPIO 流水灯测试实验

❖【实验目的】

1. 掌握 CC2430 的 GPIO 的配置方法。
2. 掌握 IAR 编译环境的使用。

❖ 【实验设备】

实验设备	数　量	备　　注
EMIOT-WGB-1 网关板	1	装配有网关板
LED 测试模块	1	测试 GPIO 功能
EMIOT-EMU-1 仿真器	1	下载和调试程序

❖ 【实验步骤】

(1) 打开···\IAR 基础实验\TestLed\TestLed.eww 工程。

(2) 选择 Debug 工程配置，通过点击"Project"下拉菜单中的"Rebuild All"项来编译应用工程，如图 7-50 所示。

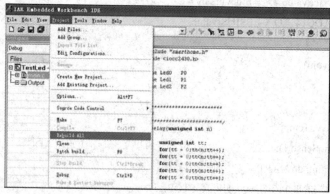

图 7-50　编译应用工程

(3) 先复位仿真器；按 Ctrl + D 键或从"Project"下拉菜单中单击"Debug"菜单项，下载应用程序。

(4) 将 LED 测试模块插入网关板的接插件上。

(5) 按 F5 键或从"Debug"下拉菜单中单击"Go"菜单项，运行应用程序。

(6) 查看 LED 测试板上 LED 指示灯的变化情况。

❖ 【实验相关代码】

···\IAR 基础实验\TestLed \main.c

```
#include <iocc2430.h>
#define Led0     P0
#define Led1     P1
#define Led2     P2
/**************************
//延时
***************************/
void Delay(unsigned int n)
{
```

```
    unsigned int tt;
    for(tt = 0; tt<n; tt++);
    for(tt = 0; tt<n; tt++);
    for(tt = 0; tt<n; tt++);
    for(tt = 0; tt<n; tt++);
    for(tt = 0; tt<n; tt++);
}
void main(void)
{
    P0DIR |=0xFF;
    P1DIR |=0xFF;
    P2DIR=0xFF;
    unsigned char    sel=1;
    unsigned char i;
    while(1)
    {
        sel=1;
        for(i=0; i<8; i++){
            Led0=~sel;
            Led1=~sel;
            Led2=~sel;
            sel=sel<<1;
            Delay(20000);
            Delay(20000);
        }
        for(i=0; i<4; i++){
            Led0=0x00;
            Led1=0x00;
            Led2=0x00;
            Delay(20000);
            Delay(20000);
            Led0=0xFF;
            Led1=0xFF;
            Led2=0xFF;
            Delay(20000);
            Delay(20000);
        }
    }
}
```

实验十　串口数据收发实验

❖ 【实验目的】

1. 掌握 CC2430 串口通信的编程方法。
2. 掌握 IAR 编译环境的使用。

❖ 【实验设备】

实验设备	数　量	备　　注
EMIOT-WGB-1 网关板	1	装配有网关板
USB 线	1	用于串口数据输出
EMIOT-EMU-1 仿真器	1	下载和调试程序

❖ 【实验步骤】

(1) 打开···\IAR 基础实验\ UartRxTx \UartRxTx.eww 工程。

(2) 选择 Debug 工程配置，通过点击"Project"下拉菜单中的"Rebuild All"项来编译应用工程，如图 7-51 所示。

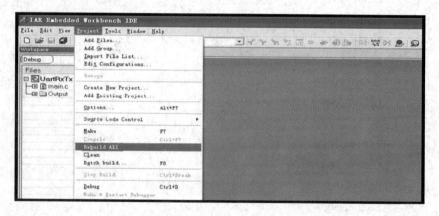

图 7-51　编译应用工程

(3) 先复位仿真器；按 Ctrl + D 键或从"Project"下拉菜单中单击"Debug"菜单项，下载应用程序。

(4) 在光盘中的"\Other\CP2101 驱动"目录下解压"CP2101 驱动"文件，并安装好 CP2101 的驱动。

(5) 用 USB 线连接网关板和计算机。从桌面→我的电脑(单击右键)→在硬件选项中点击"设备管理器"按钮，打开设备管理器。

(6) 打开"端口(COM 和 LPT)"，查找网关板串口号。

(7) 在光盘中的"\Other\串口助手"，打开串口助手工具。串口参数设置：波特率为 57600，数据位为 8，停止位为 1，校验位和流控制位为 NONE，如图 7-52 所示。

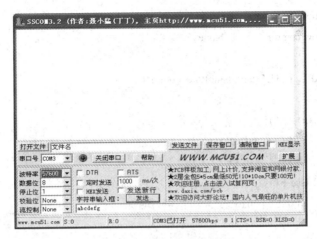

图 7-52　串口参数设置

(8) 按 F5 键或从"Debug"下拉菜单中单击"Go"菜单项，运行应用程序。

(9) 查看串口助手的数据输出，然后按任意键盘 5 次或按任意键再按# 键，查看网关板上 LED4 的显示情况，如图 7-53 所示。

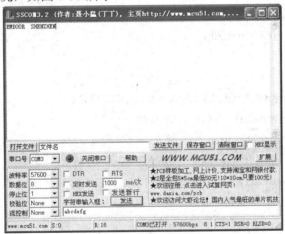

图 7-53　串口助手显示

❖ 【实验相关代码】

1. …IAR 基础实验\inc\hal.h 中串口以及通信参数设置的宏定义

// Example usage:

//

//　　　UART_SETUP(0, 115200, HIGH_STOP);

//

// This configures uart 0 for contact with "hyperTerminal", setting:

//　　Baudrate:　　　　115200

//　　Data bits:　　　　8

//　　Parity:　　　　　None

```
//          Stop bits:              1
//          Flow control:           None
//
#define UART_SETUP(uart, baudRate, options)
    do {
        if((uart) == 0){
            if(PERCFG & 0x01){
                P1SEL |= 0x30;
            } else {
                P0SEL |= 0x0C;
            }
        }
        else {
            if(PERCFG & 0x02){
                P1SEL |= 0xC0;
            } else {
                P0SEL |= 0x30;
            }
        }
        U##uart##GCR = BAUD_E((baudRate), CLKSPD);
        U##uart##BAUD = BAUD_M(baudRate);
        U##uart##CSR |= 0x80;
        U##uart##UCR |= ((options) | 0x80);
        if((options) & TRANSFER_MSB_FIRST){
            U##uart##GCR |= 0x20;
        }
    } while(0)
```

2. ···IAR 基础实验\inc\hal.h 中波特率转换的宏定义(···IAR 基础实验\inc\hal.h 中定义)

```
/***********************************************************************
******************** USART-UART specific functions/macros ********************
***********************************************************************/
// The macros in this section simplify UART operation.
#define BAUD_E(baud, clkDivPow) (
    (baud==2400)    ?   6   +clkDivPow :
    (baud==4800)    ?   7   +clkDivPow :
    (baud==9600)    ?   8   +clkDivPow :
    (baud==14400)   ?   8   +clkDivPow :
    (baud==19200)   ?   9   +clkDivPow :
```

```
        (baud==28800)   ?   9  +clkDivPow :
        (baud==38400)   ?   10 +clkDivPow :
        (baud==57600)   ?   10 +clkDivPow :
        (baud==76800)   ?   11 +clkDivPow :
        (baud==115200) ?   11 +clkDivPow :
        (baud==153600) ?   12 +clkDivPow :
        (baud==230400) ?   12 +clkDivPow :
        (baud==307200) ?   13 +clkDivPow :
        0   )
#define BAUD_M(baud) (
        (baud==2400)    ?   59  :
        (baud==4800)    ?   59  :
        (baud==9600)    ?   59  :
        (baud==14400)   ?   216 :
        (baud==19200)   ?   59  :
        (baud==28800)   ?   216 :
        (baud==38400)   ?   59  :
        (baud==57600)   ?   216 :
        (baud==76800)   ?   59  :
        (baud==115200) ?   216 :
        (baud==153600) ?   59  :
        (baud==230400) ?   216 :
        (baud==307200) ?   59  :
        0)
```

3. …IAR 基础实验\UartRxTx\main.c

串口发送采用查询方式

```
void UartTX_Send_String(uchar *Data, int len)
{
    int j;
    for(j=0; j<len; j++)
    {
        U0DBUF = *Data++;
        while(UTX0IF == 0);
        UTX0IF = 0;
    }
}
```

串口接受采用中断方式

```
#pragma vector=URX0_VECTOR
```

```
__interrupt void UART0_ISR(void)
{
    URX0IF = 0;                          //清中断标志
    temp = U0DBUF;
}
```

实验十一　系统睡眠与唤醒实验

❖ 【实验目的】

1. 掌握 CC2430 睡眠定时器的使用方法。
2. 掌握 CC2430 唤醒系统的方法。
3. 掌握 IAR 编译环境的使用。

❖ 【实验设备】

实验设备	数 量	备 注
EMIOT-WGB-1 网关板	1	装配有网关板
EMIOT-EMU-1 仿真器	1	下载和调试程序

❖ 【实验步骤】

(1) 打开…\IAR 基础实验\SleepWakeup\SleepWakeup.eww 工程。

(2) 选择 Debug 工程配置，通过点击 "Project" 下拉菜单中的 "Rebuild All" 项来编译应用工程，如图 7-54 所示。

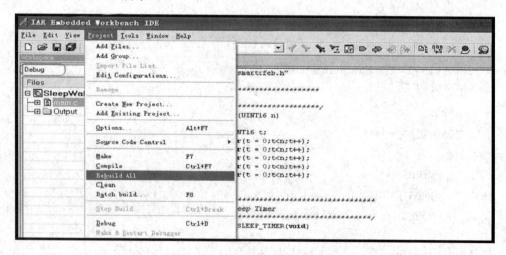

图 7-54　编译应用程序

(3) 先复位仿真器，按 Ctrl+D 键或从 "Project" 下拉菜单中单击 "Debug" 菜单项，下载应用程序。

(4) 按 F5 键或从"Debug"下拉菜单中单击"Go"菜单项，运行应用程序。

(5) 查看网关板 LED3 和 LED4 指示灯的变化情况。

❖ 【实验相关代码】

1.　…IAR 基础实验\SleepWakeup\main.c

睡眠定时器的初始化和睡眠时间的设置、睡眠中断函数。

```
/****************************************
//初始化 Sleep Timer
****************************************/
void Init_SLEEP_TIMER(void)
{
  EA = 1;　//开中断
  STIE = 1;
  STIF = 0;
}
/****************************************
//设置 Sleep Timer 唤醒时间
//sec :间隔时间，单位为秒
//无返回
****************************************/
void addToSleepTimer(UINT16 sec)
{
   UINT32 sleepTimer = 0;
   sleepTimer |= ST0;
   sleepTimer |= (UINT32)ST1 << 8;
   sleepTimer |= (UINT32)ST2 << 16;
   sleepTimer += ((UINT32)sec * (UINT32)32768);
   ST2 = (UINT8)(sleepTimer >> 16);
   ST1 = (UINT8)(sleepTimer >> 8);
   ST0 = (UINT8) sleepTimer;
}
```

2. 程序的主函数

```
void main(void)
{
   //SET_MAIN_CLOCK_SOURCE(CRYSTAL);
   //SET_32KHZ_CLOCK_SOURCE(CRYSTAL);
   INIT_LED_PORT();
   LED1=LED_ON;
```

```
LED2=LED_OFF;
Init_SLEEP_TIMER();
while(1)
{
    addToSleepTimer(10);
    SET_POWER_MODE(2);
    LedFlash();
    LED2=~LED2;
}
}
```

3. 电源模式宏定义(···IAR 基础实验\inc\hal.h 中定义)

```
// Macro for setting power mode
#define SET_POWER_MODE(mode)
    do {
        if(mode == 0)          { SLEEP &= ~0x03; }
        else if (mode == 3)    { SLEEP |= 0x03;   }
        else { SLEEP &= ~0x03; SLEEP |= mode;   }
        PCON |= 0x01;
        asm("NOP");
    }while (0)
// Where _mode_ is one of
#define POWER_MODE_0   0x00   // Clock oscillators on, voltage regulator on
#define POWER_MODE_1   0x01   // 32.768 KHz oscillator on, voltage regulator on
#define POWER_MODE_2   0x02   // 32.768 KHz oscillator on, voltage regulator off
#define POWER_MODE_3   0x03   // All clock oscillators off, voltage regulator off
```

实验十二　看门狗与唤醒实验

❖ 【实验目的】

1. 掌握 CC2430 看门狗和唤醒的使用方法。
2. 掌握 IAR 编译环境的使用。

❖ 【实验设备】

实验设备	数　量	备　注
EMIOT-WGB-1 网关板	1	装配有网关板
EMIOT-EMU-1 仿真器	1	下载和调试程序

❖ 【实验步骤】

(1) 打开…\IAR 基础实验\Watchdog\WatchDog.eww 工程。

(2) 选择 Debug 工程配置，通过点击"Project"下拉菜单中的"Rebuild All"项来编译应用工程，如图 7-55 所示。

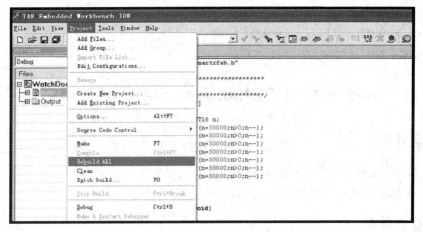

图 7-55　编译应用工程

(3) 先复位仿真器；按 Ctrl+D 键或从"Project"下拉菜单中单击"Debug"菜单项，下载应用程序。

(4) 按 F5 键或从"Debug"下拉菜单中单击"Go"菜单项，运行应用程序。

(5) 查看网关板 LED3 指示灯的变化情况。

(6) 在 main 函数中增加红色粗体部分内容，重新编译、下载、运行程序，查看网关板 LED3 指示灯的变化情况。

```
void main(void)
{
    INIT_LED_PORT();
    WDT_ENABLE();
    LED1=LED_ON;
    Delay();
    LED1=LED_OFF;
    while(1)
    {
        WDT_RESET();//喂狗指令(加入后系统不复位，小灯不闪烁)
    }
}
```

❖ 【实验相关代码】

(…IAR 基础实验\inc\hal.h 中定义)

// Macro for resetting the WDT. If this is not done before the WDT times out,

```
// the system is reset.
#define WDT_RESET() do {
    WDCTL = (WDCTL & ~0xF0) | 0xA0;
    WDCTL = (WDCTL & ~0xF0) | 0x50;
} while (0)
// Macro for turning on the WDT
#define WDT_ENABLE()    WDCTL |= 0x08
#define WDT_DISABLE()   WDCTL &= ~0x08
```

实验十三　　CC2430 内部 Flash 读写实验

❖ 【实验目的】

1. 掌握 CC2430 内部 Flash 读写操作的编程方法。
2. 掌握 IAR 编译环境的使用。

❖ 【实验设备】

实验设备	数 量	备　　注
EMIOT-WGB-1 网关板	1	装配有网关板
USB 线	1	用于串口数据输出
EMIOT-EMU-1 仿真器	1	下载和调试程序

❖ 【实验步骤】

(1) 打开…\IAR 基础实验\ FlashWrite \ FlashWrite.eww 工程。

(2) 选择 Debug 工程配置，通过点击 "Project" 下拉菜单中的 "Rebuild All" 项来编译应用工程，如图 7-56 所示。

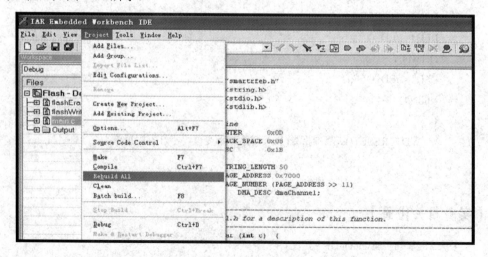

图 7-56　编译应用工程

(3) 先复位仿真器；按 Ctrl+D 键或从"Project"下拉菜单中单击 "Debug"菜单项，下载应用程序。

(4) 在光盘中的"\Other\CP2101 驱动"目录下解压"CP2101 驱动"文件，并安装好 CP2101 的驱动。

(5) 用 USB 线连接网关板和计算机。从桌面→我的电脑(单击右键)→在硬件选项中点击"设备管理器"按钮，打开设备管理器。

(6) 打开"端口(COM 和 LPT)"，查找网关板串口号。

(7) 打开超级终端，串口参数设置：波特率为 57600，数据位为 8，停止位为 1，奇偶校验位和数据流控制为无，如图 7-57 所示。

图 7-57　串口参数设置

(8) 按 F5 键或从"Debug"下拉菜单中单击"Go"菜单项，运行应用程序。

(9) 查看超级终端的显示结果,然后从键盘上输入需要写入 CC2430 内部 Flash 的内容，并按回车键。按回车键后，超级终端提示将写入 CC2430 内部 Flash 的内容，如 7-58 所示。

(10) 按回车键后，超级终端提示写 CC2430 内部 Flash 的方式。按数字 0 键利用 DMA 将内容写入 CC2430 的内部 Flash，按数字 1 键直接写入，如图 7-59 所示。

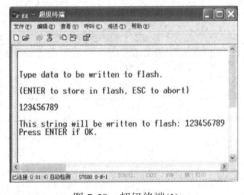

图 7-58　超级终端(1)

图 7-59　超级终端(2)

(11) 按数字 0 键，超级终端提示已经更新的内容，如图 7-60 所示。

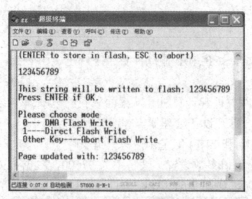

图 7-60   超级终端(3)

(12) 利用 SmartRF Flash Programmer 程序读出 CC2430 Flash 的内部，并保存为 Hex 文件，然后利用 Hex 编辑查看 Flash 地址为 0x7000 内容是否写入正确，如图 7-61 所示。

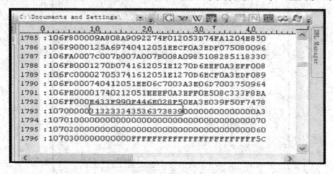

图 7-61   利用 Hex 编辑查看 Flash 地址

实验十四   高级加/解密实验

❖ 【实验目的】

1. 掌握 CC2430 的 AES 的编程方法。
2. 掌握 IAR 编译环境的使用

❖ 【实验设备】

实验设备	数量	备　注
EMIOT-WGB-1 网关板	1	装配有网关板
USB 线	1	用于串口数据输出
EMIOT-EMU-1 仿真器	1	下载和调试程序

❖ 【实验步骤】

(1) 打开⋯\IAR 基础实验\ AES \ AES.eww 工程。

(2) 选择 Debug 工程配置，通过点击"Project"下拉菜单中的"Rebuild All"项来编译应用工程，如图 7-62 所示。

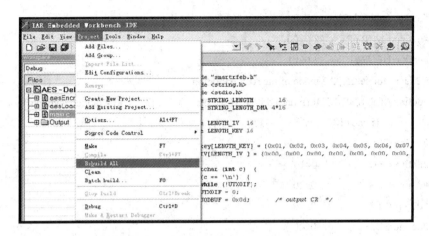

图 7-62　编译应用工程

(3) 先复位仿真器，按 Ctrl + D 键或从"Project"下拉菜单中单击"Debug"菜单项，下载应用程序。

(4) 在光盘中的"\Other\CP2101 驱动"目录下解压"CP2101 驱动"文件，并安装好 CP2101 的驱动。

(5) 用 USB 线连接网关板和计算机。从桌面→我的电脑(单击右键)→在硬件选项中点击"设备管理器"按钮，打开设备管理器。

(6) 打开"端口(COM 和 LPT)"，查找网关板串口号。

(7) 打开超级终端，串口参数设置：波特率为 57600，数据位为 8，停止位为 1，奇偶校验位和数据流控制为无，如图 7-63 所示。

(8) 按 F5 键或从"Debug"下拉菜单中单击"Go"菜单项，运行应用程序。

(9) 从超级终端查看加密和解密后的结果，如图 7-64 所示。

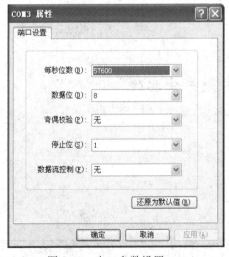

图 7-63　串口参数设置

图 7-64　超级终端

❖ 【实验相关代码】

　AES 的宏定义(···IAR 基础实验\inc\hal.h 中定义)

```
#define AES_BUSY          0x08
#define ENCRYPT           0x00
#define DECRYPT           0x01
// Macro for setting the mode of the AES operation
#define AES_SETMODE(mode) do { ENCCS &= ~0x70; ENCCS |= mode; } while (0)
// _mode_ is one of
#define CBC               0x00
#define CFB               0x10
#define OFB               0x20
#define CTR               0x30
#define ECB               0x40
#define CBC_MAC           0x50
// Macro for starting or stopping encryption or decryption
#define AES_SET_ENCR_DECR_KEY_IV(mode)
   do {
    ENCCS = (ENCCS & ~0x07) | mode
   } while(0)
// Where _mode_ is one of
#define AES_ENCRYPT       0x00;
#define AES_DECRYPT       0x02;
#define AES_LOAD_KEY      0x04;
#define AES_LOAD_IV       0x06;
// Macro for starting the AES module for either encryption, decryption,
// key or initialisation vector loading.
#define AES_START()       ENCCS |= 0x01
```

实验十五　随机数产生实验

❖ 【实验目的】

1. 掌握 CC2430 随机数的产生过程。
2. 掌握 IAR 编译环境的使用。

❖ 【实验设备】

实验设备	数 量	备　注
EMIOT-WGB-1 网关板	1	装配有网关板
USB 线	1	用于串口数据输出
EMIOT-EMU-1 仿真器	1	下载和调试程序

❖ 【实验步骤】

(1) 打开…\IAR 基础实验\ Random \ Random.eww 工程。

(2) 选择 Debug 工程配置，通过点击"Project"下拉菜单中的"Rebuild All"项来编译应用工程，如图 7-65 所示。

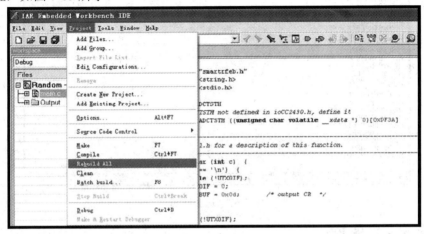

图 7-65　编译应用工程

(3) 先复位仿真器；按 Ctrl + D 键或从"Project"下拉菜单中单击"Debug"菜单项，下载应用程序。

(4) 在光盘中的"\Other\CP2101 驱动"目录下解压"CP2101 驱动"文件，并安装好 CP2101 的驱动。

(5) 用 USB 线连接网关板和计算机。从桌面→我的电脑(单击右键)→在硬件选项中点击"设备管理器"按钮，打开设备管理器。

(6) 打开"端口(COM 和 LPT)"，查找网关板串口号。

(7) 打开超级终端，串口参数设置：波特率为 57600，数据位为 8，停止位为 1，奇偶校验位和数据流控制为 None，如图 7-66 所示。

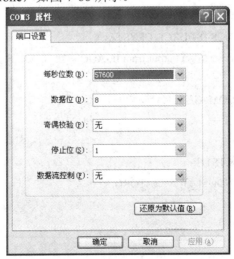

图 7-66　串口参数设置

(8) 按 F5 键或从"Debug"下拉菜单中单击"Go"菜单项，运行应用程序。

(9) 从超级终端查看随机数的产生结果，如图 7-67 所示。

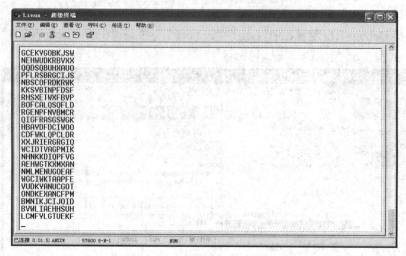

图 7-67　超级终端

❖ 【实验相关代码】

随机数产生的几个重要函数(…IAR 基础实验\Random \mian.c)

```c
void halInitRandomGenerator(void)
{
    BYTE i;
    //turning on power to analog part of radio
    RFPWR = 0x04;
    //waiting for voltage regulator.
    while((RFPWR & 0x10)){}

    //Turning on 32 MHz crystal oscillator
    SET_MAIN_CLOCK_SOURCE(CRYSTAL);
    // Turning on receiver to get output from IF-ADC.
    ISRXON;
    ENABLE_RANDOM_GENERATOR();
    for(i = 0 ; i < 32 ; i++)
    {
        RNDH = ADCTSTH;
        CLOCK_RANDOM_GENERATOR();
    }
    return;
}
void initRandom(void)
```

```
    {
        DISABLE_ALL_INTERRUPTS();
        halInitRandomGenerator();
    }
```

实验十六　　LCD 驱动实验

❖ 【实验目的】

1. 掌握 CC2430 的 SPI 接口驱动 LCD 显示。
2. 掌握 IAR 编译环境的使用。

❖ 【实验设备】

实验设备	数　量	备　　　注
EMIOT-WGB-1 网关板	1	装配有网关板
EMIOT-EMU-1 仿真器	1	下载和调试程序

❖ 【实验步骤】

(1) 打开…\IAR 基础实验\LCDMenu \Project\LCD.eww 工程。

(2) 选择 Debug 工程配置，通过点击"Project"下拉菜单中的"Rebuild All"项来编译应用工程，如图 7-68 所示。

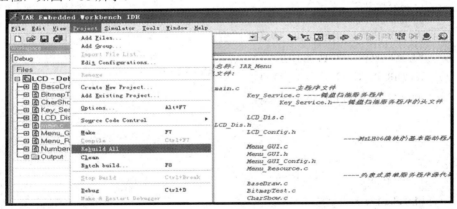

图 7-68　编译应用工程

(3) 先复位仿真器，按 Ctrl + D 键或从"Project"下拉菜单中单击"Debug"菜单项，下载应用程序。

(4) 按 F5 键或从"Debug"下拉菜单中单击"Go"菜单项，运行应用程序。

(5) LCD 屏上将显示如图 7-69 所示的结果。

(6) 利用网关板上的 Up(SW3)键或 Down(SW6)键上下移动选择条。

(7) 按网关板的 OK(SW5)键进入选中项所对应的功能中，按 Cancel(SW8)键退回上级菜单。图 7-70 为字符显示功能演示所对应的功能项。

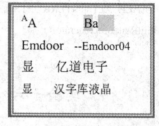

图 7-69　LCD 屏显示结果　　　　　图 7-70　功能演示所对应的功能项

❖ 【实验相关代码】

1. LCD 接口的端口定义(IAR 基础实验\LCDMenu\LCD_Driver\LCD_Config.h 中定义)

```
#define Dis_X_MAX    128-1
#define Dis_Y_MAX    64-1
//Define the MCU Register
#define SPI_RES        P0_0
#define SPI_SCK        P1_5
#define SPI_SDA        P1_6
#define SPI_CS         P1_2
```

2. LCD 接口的端口和 SPI 通信初始化(IAR 基础实验\LCDMenu\LCD_Driver\LCD_Dis.c 中定义)

```
void LcdPortInit()
{
    IO_DIR_PORT_PIN(0, 0, IO_OUT);
    IO_DIR_PORT_PIN(1, 2, IO_OUT);
    IO_DIR_PORT_PIN(1, 5, IO_OUT);
    IO_DIR_PORT_PIN(1, 6, IO_OUT);
}
void LCD_Init(void)
{
    LcdPortInit();
    //SS 和 SCK 预先设置为高电平
    SPI_SCK = 1;
    SPI_CS = 1;
    //复位 LCD 模块
    SPI_RES = 0;
    TimeDelay(50);
    //保持低电平大概 ms 左右
    SPI_RES = 1;
```

```
    TimeDelay(80);                    //延时大概 ms 左右
}
```

3. LCD 显示屏 SPI 通信函数(IAR 基础实验\LCDMenu\LCD_Driver\LCD_Dis.c 中定义)

```
//====================================================================
// 函数: void SPI_SSSet(unsigned char Status)
// 描述: 置 SS 线状态
// 参数: Status    =1 则置高电平, =0 则置低电平
// 返回: 无
// 版本:
//       2009/02/10       First version       Mz Design
//====================================================================
void SPI_SSSet(unsigned char Status)
{
    if(Status)      //判断是要置 SS 为低还是高电平? //SS 置高电平
    SPI_CS = 1;
    else      //SS 置低电平
    SPI_CS = 0;
}
//====================================================================
// 函数: void SPI_Send(unsigned char Data)
// 描述: 通过串行 SPI 口输送一个 byte 的数据置模组
// 参数: Data  要传送的数据
// 返回: 无
// 版本:
//       2007/07/17       First version
//   2007/07/24   V1.2 for MCS51 Keil C
//====================================================================
void SPI_Send(unsigned char Data)
{
    unsigned char i=0;
    for(i=0;i<8;i++)
    {
        //SCK 置低
        SPI_SCK = 0;
        if(Data&0x0080)
           SPI_SDA = 1;
        else SPI_SDA = 0;//
        //SCK 上升沿触发串行数据采样
```

```
        SPI_SCK = 1;
        Data = Data<<1;            //数据左移一位
    }
}
```

7.4　Z-stack 通信实验

本节基于 IAR 基础应用进行相关的实验设计，按由易到难、循序渐进的顺序设计了十个实验，从 IAR 编译环境的使用、按键控制工作组内模块 LED 灯闪烁方法的使用、Simple API 的使用方法、CC2430 内部温度传感器和电池电压值的检测、按键事件的响应、CC2430 内置 14 bit 高精度 A/D 的使用、HAL 应用程序接口的使用、用户应用的开发、模块之间无线传输的方法、无线传输数据速度测试、CC2430 内部温度传感器和电池电压值检测等方面分别设计了 SampleApp 实验、灯-开关实验、传感器数据收集实验、按键演示实验、A/D 采样演示实验、A/D 采样 LED 演示实验、GenericApp 实验、SerialApp 实验、TransmitApp 实验、HomeAutomation 实验，下面一一介绍。

实验一　SampleApp 实验

❖ 【实验目的】

1. 掌握按键控制工作组内模块 LED 灯闪烁方法。
2. 掌握 IAR 编译环境的使用。

❖ 【实验设备】

实验设备	数量	备　注
EMIOT-WGB-1 网关板	1	装配有 CC2430EB 网关板，作为协调器设备
EMIOT-WGB-1 网关板	2	装配有 CC2430EB 网关板，作为路由器设备
EMIOT-EMU-1 仿真器	1	下载和调试程序
Packet Sniffer	1	可选

❖ 【实验原理】

一个 Zigbee 网络中的某个设备发送"闪烁 LED"命令给该网络中组 1 的所有成员，组 1 的所有成员在收到该命令后，将闪烁 LED。用户可以设置一个设备是否属于组 1。

网关板有两个常用键，Up 键和 Right 键，Up 键用于发送闪烁命令；Right 键用于转换该设备是否属于组 1。

❖ 【实验步骤】

(1) 打开 SampleApp 工程(...\Projects\zstack\Samples\SampleApp\CC2430DB)，如图 7-71

所示。

(2) 鼠标左键双击 "SampleApp.eww" 文件，在 IAR Embedded WorkBench IDE 集成开发环境中打开工程，如图 7-71 所示。

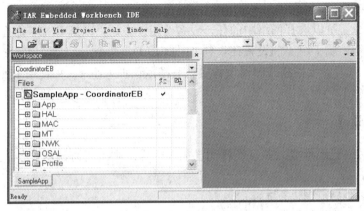

图 7-71　打开工程

(3) 选择相应的工程配置。"Workspace" 下拉列表中的选项是工程配置项目，如图 7-72 所示。

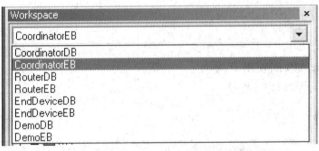

图 7-72　Workspace 选项

图 7-72 中显示的工程配置选项的含义如下：

- CoordinatorEB：将网关板配置为协调器设备；
- RouterEB：将网关板配置为路由器设备；
- EndDeviceEB：将网关板配置为终端设备；
- DemoEB：将网关板配置为 Demo。

(4) 选择 CoordinatorEB 工程配置，通过点击 "Project" 下拉菜单中的 "Rebuild All" 项来编译应用工程。

(5) 编译完成后，将仿真器的扁平电缆调试接头插入网关板上调试接口，然后将仿真器用 USB 电缆与用户 PC 的 USB 端口连接。

(6) 通过点击 "Project" 下拉菜单中的 "Debug" 项(或按 Ctrl+D 快捷键)下载应用工程。

(7) 再选择 RouterEB 工程配置，重复以上步骤下载相应的应用工程到另外两个网关板。

(8) 给协调器设备上电，通过信道扫描来启动一个 Zigbee 网络，信道扫描过程中 LED4 闪烁，Zigbee 网络成功启动后，LED4 常亮。(注：网关板上的 LED6 指示灯快速闪烁以指示用户该设备的 IEEE 地址无效，必须按下网关板上的 Cancel(SW8)键使该设备产生一个随机的 IEEE 地址。)

(9) 分别给两个路由器设备上电，它们将扫描并加入由协调器设备启动的那个网络，成功加入后，它们的 LED4 将被点亮。(注：网关板上的 LED6 指示灯快速闪烁以指示用户该设备的 IEEE 地址无效，必须按下网关板上的 Cancel(SW8)键使该设备产生一个随机的 IEEE 地址。)

(10) 接下来，可以选择网络中的任一设备给组 1 发送"闪烁 LED"命令，使用网关板上的 Up(SW3)键。属于组 1 的设备在收到"闪烁 LED"命令后，会使自己的 LED3 闪烁几次。(实验中，协调器设备和路由器设备启动后都默认加入组 1，可使用 Right 键来转换该设备是否属于组 1。)

❖ 【拓展实验】

(1) 如果网络已经形成，并且设备都已加入网络，则关闭协调器设备，观察是否对网络有影响。

(2) 在不同距离范围进行本实验。

(3) 通过协议分析仪捕获并解码射频数据包。

实验二　灯-开关实验

❖ 【实验目的】

1. 掌握 Simple API 的使用方法。
2. 掌握 IAR 编译环境的使用。

❖ 【实验设备】

实验设备	数量	备　注
EMIOT-WGB-1 网关板	3	分别作为照明控制器设备(协调器设备)、照明控制器设备(路由器设备)和照明开关设备(终端设备)
EMIOT-EMU-1 仿真器	1	下载和调试程序
Packet Sniffer	1	可选

❖ 【实验原理】

本实验演示两种设备类型："照明开关"和"照明控制器"。照明开关设备作为 Zigbee 网络中的终端设备，照明控制器设备作为协调器或路由器设备。应用时有作为终端设备(end-device)的简单开关配置和作为协调器或路由器设备的简单管理器配置。

当设备第一次开启的时候，它进入一个"保持状态"，LED3 闪烁。

对于灯管理器设备，在该状态下，按下 Up 键它将使该设备作为协调器启动，期间若按下 Right 键它将使该设备作为路由器启动。

对于开关设备而言，在该状态下，无论是按下 Up 键还是 Right 键都将作为终端设备启动。

命令：有一个单一的应用命令，一个"拨动"(TOGGLE)命令。对于开关，该命令作为输出被定义，对于管理器却作为输入被定义。该命令信息除了命令标志符之外没有其他参数。

绑定："按钮"绑定被使用。在一个开关和一个管理器间创建绑定，首先是这个管理器要进入允许绑定模式。接着开关(在一定时间内)发出一个绑定请求，这将从开关到管理器之间创建一个绑定。重复上面的过程，一个开关可以与多个管理器绑定。

为某个开关重新分配绑定，这个绑定请求与同一个删除参数请求被同时发出，则该开关的所有绑定将被移除。现在就可以用上面的绑定方法重新与其他的管理器进行绑定，确保只能有一个管理器作为协调器，其他都作为路由器。

设备自动加入网络后，采用下面的控制方式来创建绑定：

(1) 通过按某个管理器的 Up 键使它进入允许绑定模式。

(2) 在某个灯开关上按下 Up 键(10 秒之内)发出绑定请求，这将使该开关设备绑定到该管理器(处于绑定模式下的)设备上。

(3) 当开关绑定成功时，开关设备上的 LED4 闪亮。

(4) 之后，开关设备上的 Right 键被按下将发送"切换"命令，它将使对应的管理器设备上的 LED4 状态切换。

(5) 如果按下开关设备上的 Down 键，它将移除该设备上所有的绑定。

❖ 【实验步骤】

(1) 打开 SimpleApp 工程(...\Projects\zstack\Samples\SimpleApp\CC2430DB)。

(2) 选择相应的工程配置，"Workspace"下拉列表中的选项是工程配置项目，如图 7-73 所示。

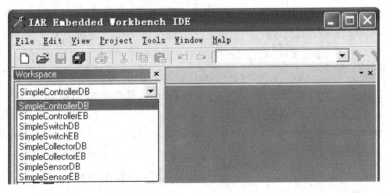

图 7-73　工程配置项目

图 7-73 中显示的工程配置选项的含义如下：

SimpleControllerEB：将网关板配置为照明控制器设备(协调器或路由器设备)；

SimpleSwitchEB：将网关板配置为照明开关设备(终端设备)；

SimpleCollectorEB：本实验中用不到，在 SimpleApp2 实验中使用；

SimpleSensorEB：本实验中用不到，在 SimpleApp2 实验中使用。

(3) 选择 SimpleControllerEB 工程配置，通过点击"Project"下拉菜单中的"Rebuild All"项来编译应用工程，编译完成后，分别下载到两个网关板。

(4) 选择 SimpleSwitchEB 工程配置，通过点击"Project"下拉菜单中的"Rebuild All"

项来编译应用工程，编译完成后，分别下载到第三个网关板。

(5) 给一个照明控制器设备上电，它将进入"保持"状态并伴随着 LED5 的闪烁，按下 Up 键使该设备作为协调器设备启动，它将进行信道扫描来启动一个 Zigbee 网络，在该协调器成功启动一个 Zigbee 网络后，它的 LED4 被点亮。协调器启动时 LCD 显示的内容如图 7-74 所示。(注：网关板上的 LED6 指示灯快速闪烁以指示用户该设备的 IEEE 地址无效，必须按下网关板上的 Cancel(SW8)键使该设备产生一个随机的 IEEE 地址。)

(6) 给另一个照明控制器设备上电，它将进入"保持"状态，按 Right 键使该设备作为路由器设备启动，它将扫描并加入由协调器设备启动的那个网络，成功加入后，它的 LED4 将被点亮。路由器启动时 LCD 显示的内容，如图 7-75 所示。(注：网关板上的 LED6 指示灯快速闪烁以指示用户该设备的 IEEE 地址无效，必须按下网关板上的 Cancel(SW8) 键使该设备产生一个随机的 IEEE 地址。)

```
Emdoor——CC2430EB

Zigbee  Cord
NetWork  ID：xx
Simple Zigbee App
```

```
Emdoor——CC2430EB

Router：x
Parent：x
Simple Zigbee App
```

图 7-74　协调器启动时 LCD 显示的内容　　　图 7-75　路由器启动时 LCD 显示的内容

(7) 给照明开关设备上电，它将进入"保持"状态并伴随着 LED5 的闪烁，按下 Up 键或 Right 键都将使该设备作为终端设备启动，它将扫描并加入由协调器设备启动的那个网络，成功加入后，它的 LED4 被点亮。终端设备启动时 LCD 显示的内容，如图 7-76 所示。(注：网关板上的 LED6 指示灯快速闪烁以指示用户该设备的 IEEE 地址无效，必须按下网关板上的 Cancel(SW8)键使该设备产生一个随机的 IEEE 地址。)

(8) 按下照明控制器设备(协调器设备)的 Up 键，使它进入允许绑定模式，然后尽快(在允许绑定模式超时时间内)按下照明开关设备(终端设备)的 Up 键来发送绑定请求，这将导致该照明开关设备绑定到处于允许绑定模式下的那个照明控制器设备。绑定后的协调器 LCD 显示的内容，如图 7-77 所示。

```
Emdoor——CC2430EB

EndDevice：xxxx
Parent：0
Simple Zigbee App
```

```
Emdoor——CC2430EB

Match Desc Req
Rsp Sent
Simple Zigbee App
```

图 7-76　终端设备启动时 LCD 显示的内容　　　图 7-77　绑定后的协调器 LCD 显示的内容

(9) 反复按下照明开关设备(终端设备)的 Right 键，观察照明控制器设备(协调器设备)和照明控制器设备(路由器设备)上的 LED6，正常情况下，照明控制器设备(协调器设备)上的LED6的状态会受照明开关设备的控制而被反复切换，而照明控制器设备(路由器设备)的 LED6 的状态不改变，因为它还未与照明开关设备(终端设备)建立绑定。

(10) 按下照明控制器设备(路由器设备)的 Up 键，使它进入允许绑定模式。然后尽快

(在允许绑定模式超时时间内)按下照明开关设备(终端设备)的 Right 键来发送绑定请求，这将导致该照明开关设备绑定到处于允许绑定模式下的那个照明控制器设备。

(11) 反复按下照明开关设备(终端设备)上的 Right 键，观察照明控制器设备(协调器设备)和照明控制器设备(路由器设备)上的 LED6，正常情况下，LED6 的状态会受照明开关设备的控制而被反复切换，因为它们都与照明控制器设备(终端设备)建立了绑定。

(12) 按下照明开关设备(终端设备)的 Down 键来解除该设备上的所有绑定，然后再反复按下它的 Right 键，观察协调器设备和路由器设备上的 LED4。正常情况下，LED4 的状态不改变，因为照明开关设备(终端设备)与它们都解除了绑定。

❖ 【拓展实验】

(1) 以不同顺序给协调器设备、路由器设备和终端设备上电，观察现象。

(2) 若网络已形成，并且设备都已加入网络，关闭协调器设备，观察是否对网络有影响。

(3) 如果网络已经形成，并且设备都已加入网络，关闭协调器设备和终端设备，然后再打开终端设备，观察它是否能加入网络。

(4) 在不同距离范围进行本实验。

(5) 通过协议分析仪捕获并解码射频数据包。

实验三　传感器数据收集实验

❖ 【实验目的】

1. 掌握 CC2430 内部温度传感器和电池电压值的检测。

2. 掌握 IAR 编译环境的使用。

❖ 【实验设备】

实验设备	数　量	备　　注
EMIOT-WGB-1 网关板	1	作为传感器设备(终端设备)
EMIOT-WGB-1 网关板	1	作为采集设备(协调器设备)
EMIOT-EMU-1 仿真器	1	下载和调试程序
Packet Sniffer	1	可选

❖ 【实验原理】

本实验演示两种设备类型："传感器设备"和"采集设备"。传感器设备作为 Zigbee 网络中的终端设备，采集设备作为协调器或路由器设备。传感器设备记录温度和电池能量读数并将它们发送给采集设备。

传感器节点采集温度和电池电压，并将这些数据发送到中心收集节点进行处理。这里为了实验简单，只有一个中心节点收集这些信息，处理后通过串口送到计算机或在 LCD 屏上显示，为了提高网络的负载，可以增加中心收集节点。这个实验必须做到：

(1) 自动形成一个网络；

(2) 传感器设备必须能自动加入网络，并自动完成绑定；

(3) 如果传感器设备没有从中心节点收到应答，它将自动移除该中心节点的绑定，然后自动去发现新的中心节点并绑定。

实验只有一个命令：SENSOR_REPORT_CMD_ID，实验中传感器采用 CC2430 内部的温度传感器和电池电压值进行检测。

采集设备在启动或加入一个网络后，必须被置于允许绑定模式来响应从传感器设备发来的绑定请求。在本实验中，通过按下 Up 键来实现，这将使设备进入允许绑定模式并点亮 LED6。

按下设备上的 Right 键，设备将退出允许绑定模式并熄灭 LED6。传感器设备在成功加入网络后，若采集设备处于允许绑定模式，传感器设备将自动发现并绑定到采集设备，然后开始报告温度和电池能量读数给采集设备。当传感器设备正在报告传感器读数给采集设备时，它上面的 LED6 被点亮。

❖ 【实验步骤】

(1) 打开 SimpleApp 工程(...\Projects\zstack\Samples\SimpleApp\CC2430DB)。

(2) 选择 SimpleCollectorEB 工程配置，如图 7-78 所示，通过点击"Project"下拉菜单中的"Rebuild All"项来编译应用工程，编译完成后下载应用工程到网关板(协调器设备)。

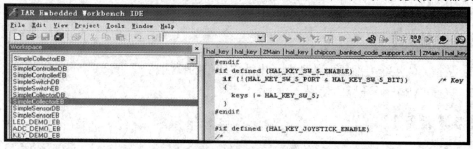

图 7-78　SimpleCollectorEB 工程

(3) 选择 SimpleSensorEB 工程配置，重复以上步骤下载应用工程到网关板(终端设备)。

(4) 给采集设备供电，按下 Up 键使该设备作为协调器设备启动，在该协调器成功启动一个 Zigbee 网络后，它的 LED4 被点亮。然后再次按下它的 Up 键，使其进入允许绑定模式，此时它的 LED6 被点亮。协调器(采集器)LCD 显示的内容如图 7-79 所示。(注：网关板上的 LED6 指示灯快速闪烁以指示用户该设备的 IEEE 地址无效，必须按下网关板上的 CANCEL(SW8)键使该设备产生一个随机的 IEEE 地址。)

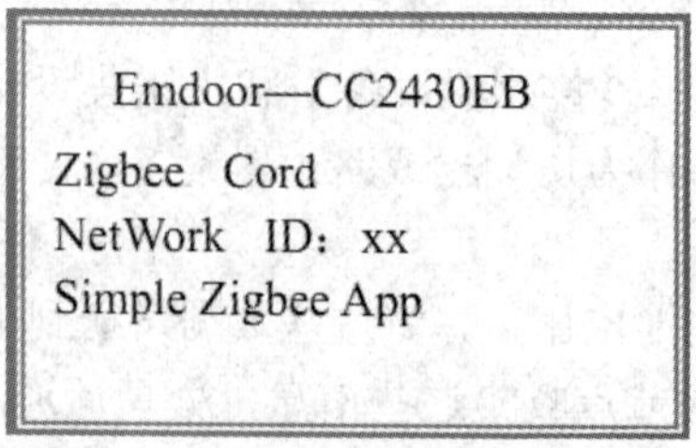

```
    Emdoor—CC2430EB
Zigbee  Cord
NetWork  ID：xx
Simple Zigbee App
```

图 7-79　协调器 LCD 显示的内容

(5) 给传感器设备上电，按下 Up 键或 Right 键使该设备作为终端设备启动，它将扫描并加入由协调器设备启动的那个网络，成功加入后，传感器设备将自动发现并绑定到采集设备(如果采集设备处于允许绑定模式，此过程可能需要 10~20 s)，然后它将开始报告温度和电池能量读数给采集设备。协调器(采集器)和终端器(传感器)LCD 显示的内容分别如图 7-80 所示。(注：网关板上的 LED6 指示灯快速闪烁以指示用户该设备的 IEEE 地址无效，必须按下网关板上的 Cancel(SW8)键使该设备产生一个随机的 IEEE 地址。)

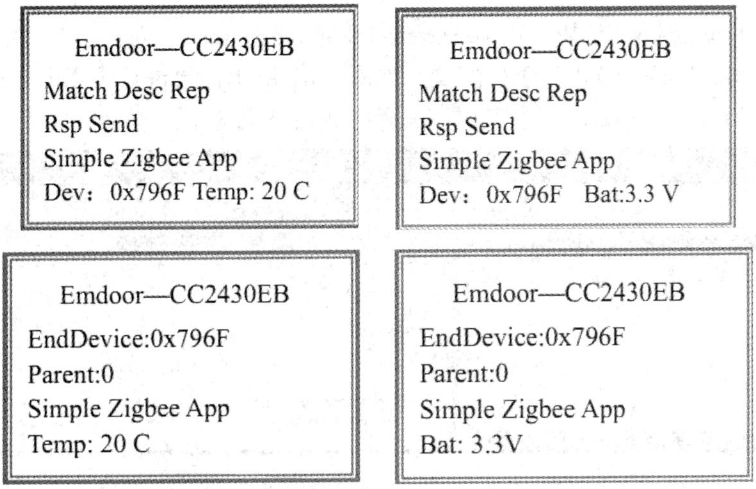

```
Emdoor—CC2430EB
Match Desc Rep
Rsp Send
Simple Zigbee App
Dev: 0x796F  Temp: 20 C
```

```
Emdoor—CC2430EB
Match Desc Rep
Rsp Send
Simple Zigbee App
Dev: 0x796F   Bat:3.3 V
```

```
Emdoor—CC2430EB
EndDevice:0x796F
Parent:0
Simple Zigbee App
Temp: 20 C
```

```
Emdoor—CC2430EB
EndDevice:0x796F
Parent:0
Simple Zigbee App
Bat: 3.3V
```

图 7-80　协调器和终端器 LCD 显示的内容

❖ 【拓展实验】

(1) 以不同顺序给协调器设备和终端设备上电，观察现象。
(2) 若网络已形成，并且设备都已加入网络，关闭协调器设备，观察是否对网络有影响。
(3) 在不同距离范围进行本实验。
(4) 通过协议分析仪捕获并解码射频数据包。

实验四　按键演示实验

❖ 【实验目的】

1. 掌握按键事件的响应。
2. 掌握 IAR 编译环境的使用。

❖ 【实验设备】

实验设备	数量	备注
EMIOT-WGB-1 网关板	1	作为按键处理设备
EMIOT-EMU-1 仿真器	1	下载和调试程序

❖ 【实验原理】

　　本实验基于 Z-Stack 协议栈开发，利用 TI 提出了 Simple API 的概念，实现对网关板上按键事件的响应。

❖ 【实验步骤】

　　(1) 打开 SimpleApp 工程(...\Projects\zstack\Samples\SimpleApp\CC2430DB)。
　　(2) 选择 KEY_DEMO_EB 工程配置，如图 7-81 所示，通过点击"Project"下拉菜单中的"Rebuild All"项来编译应用工程，编译完成后下载应用工程到网关板。

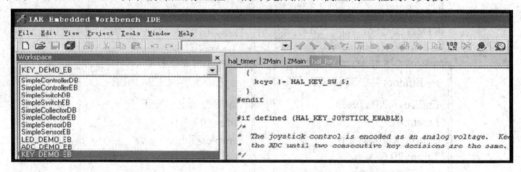

图 7-81　选择工程配置

　　(3) 下载完毕后，通过点击"Debug"下拉菜单中的"Go"或按 F5 键运行程序。
　　(4) 由于没有设置有效的 IEEE 地址，LED6 灯一直闪烁，按 Cancel 键，自动设置 IEEE 地址。此时 LED5 灯闪烁，说明程序运行正常，网关板上的 LCD 显示如图 7-82 所示。
　　(5) 按下除复位之外的任意键，网关板上的 LCD 将显示所按下的键。按下 OK 键的显示画面如图 7-83 所示。

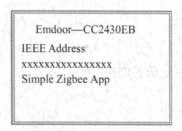

图 7-82　网关板 LCD 显示

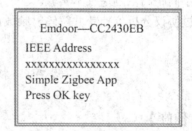

图 7-83　按下 OK 键的显示画面

实验五　A/D 采样演示实验

❖ 【实验目的】

　　1. 掌握 CC2430 内置 14 bit 高精度 A/D 的使用。
　　2. 掌握 IAR 编译环境的使用。

❖ 【实验设备】

实验设备	数量	备　　注
EMIOT-WGB-1 网关板	1	作为 A/D 采样处理设备
EMIOT-EMU-1 仿真器	1	下载和调试程序

❖ 【实验原理】

本实验基于 Z-Stack 协议栈的开发，利用 TI 提出了 Simple API 的概念，CC2430 内置 14 bit 高精度 A/D 转换器，并且可支持 8 个不同的通道输入，使用此模块可以非常方便地实现 A/D 式传感器数据的采集。Z-Stack 为 ADC 提供了统一的 HAL 应用程序接口，通过调用相应的 API 函数完成数据采集。

❖ 【实验步骤】

(1) 打开 SimpleApp 工程(...\Projects\zstack\Samples\SimpleApp\CC2430DB)。

(2) 选择 ADC_DEMO_EB 工程配置，如图 7-84 所示，通过点击"Project"下拉菜单中的"Rebuild All"项来编译应用工程，编译完成后下载应用工程到网关板。

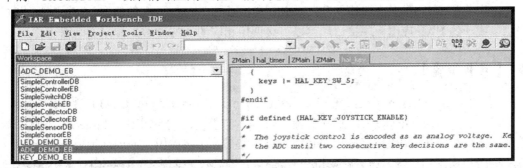

图 7-84　选择工程配置

(3) 下载完毕后，通过点击"Debug"下拉菜单中的"Go"或按 F5 键运行程序。

(4) 由于没有设置有效的 IEEE 地址，LED6 灯一直闪烁，按 Cancel 键，自动设置 IEEE 地址，此时 LED5 灯闪烁，说明程序运行正常，网关板上的 LCD 显示如图 7-85 所示。

(5) 按除复位之外的任意键，启动 A/D 转换，网关板上的 LCD 将显示 A/D 变换后的电压值，如图 7-86 所示。

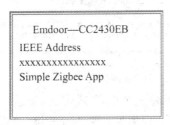

图 7-85　网关板上的 LCD 显示

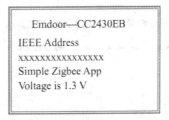

图 7-86　网关板上的 LCD 显示

(6) 调节精密可调电阻，网关板上的 LCD 显示 A/D 变换后的电压值将发生变化(电压值将在 0～3.3 V 变化)。

实验六　A/D 采样 LED 演示实验

❖ 【实验目的】

1. 掌握 HAL 应用程序接口的使用。
2. 掌握 IAR 编译环境的使用。

❖ 【实验设备】

实验设备	数量	备　注
EMIOT-WGB-1 网关板	1	作为定时器控制 LED 设备
EMIOT-EMU-1 仿真器	1	下载和调试程序

❖ 【实验原理】

本实验基于 Z-Stack 协议栈的开发，利用 TI 提出了 Simple API 的概念，Z-Stack 为 ADC 提供了统一的 HAL 应用程序接口，可以直接调用相应的 API 函数来控制定时器。

❖ 【实验步骤】

(1) 打开 SimpleApp 工程(...\Projects\zstack\Samples\SimpleApp\CC2430DB)。

(2) 选择 LED_DEMO_EB 工程配置，如图 7-87 所示，通过点击 "Project" 下拉菜单中的 "Rebuild All" 项来编译应用工程，编译完成后，下载应用工程到网关板。

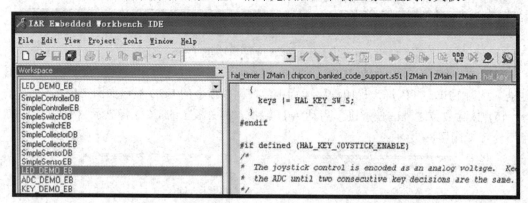

图 7-87　选择 LED_DEMO_EB 工程配置

(3) 下载完毕后，通过点击 "Debug" 下拉菜单中的 "Go" 或按 F5 键运行程序。

(4) 由于没有设置有效的 IEEE 地址，LED6 灯一直闪烁，按 Cancel 键，自动设置 IEEE 地址。四个 LED 灯按一定时间间隔闪烁，此时网关板上的 LCD 显示如图 7-88 所示。

```
Emdoor—CC2430EB
IEEE Address
xxxxxxxxxxxxxxxx
Simple Zigbee App
LED Flash Demo
```

图 7-88　网关板 LCD 显示内容

实验七　GenericApp 实验

❖ 【实验目的】

1. 掌握用户应用的开发。
2. 掌握 IAR 编译环境的使用。

❖ 【实验设备】

实验设备	数 量	备　　注
EMIOT-WGB-1 网关板	1	作为协调器设备
EMIOT-WGB-1 网关板	2	作为终端设备
EMIOT-EMU-1 仿真器	1	下载和调试程序
Packet Sniffer	1	可选

❖ 【实验原理】

本实验演示了绑定设备间以 5 s 为周期进行 "Hello Emdoor Zigbee" 数据包的互发，如 7-89 所示。

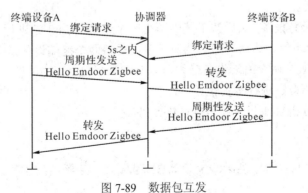

图 7-89　数据包互发

❖ 【实验步骤】

(1) 打开 GenericApp 工程(...\Projects\zstack\Samples\ GenericApp\CC2430DB)。
(2) 选择 CoordinatorEB 工程配置，通过点击 "Project" 下拉菜单中的 "Rebuild All"

项来编译应用工程，编译完成后，下载应用工程到网关板。

(3) 选择 EndDeviceEB 工程配置，重复以上步骤下载应用工程到两个网关板。

(4) 给协调器设备上电，它将启动一个 Zigbee 网络，之后它的 LED4 将被点亮。

(5) 给两个终端设备上电，它们将扫描并加入由协调器设备启动的那个网络，成功加入后，它们的 LED4 将被点亮。

(6) 分别按下两个终端设备上的 Right 键(时间差控制在 5 s 之内)进行终端设备绑定。成功绑定后，两个终端设备上的 LED4 将被点亮。

(7) 在两个终端设备建立绑定之后，它们以 5 s 为周期进行"Hello Zigbee"数据包的互发，由于使用网关板板作为终端设备，它上面带有 128×64 点阵图形液晶，互发数据包的情况将在液晶上显示，如图 7-90 所示。

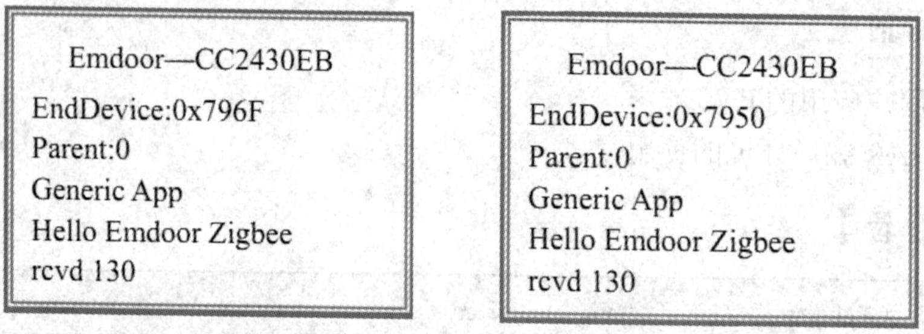

```
Emdoor—CC2430EB

EndDevice:0x796F
Parent:0
Generic App
Hello Emdoor Zigbee
rcvd 130
```

```
Emdoor—CC2430EB

EndDevice:0x7950
Parent:0
Generic App
Hello Emdoor Zigbee
rcvd 130
```

图 7-90　终端互发数据包

❖ 【拓展实验】

(1) 以不同顺序给协调器设备和终端设备上电，观察现象。

(2) 如果网络已经形成，并且设备都已加入网络，关闭协调器设备，观察是否对网络有影响。

(3) 如果网络已经形成，设备都已加入网络并且两个终端设备也建立了绑定，关闭协调器设备，观察两个终端设备是否可以互发数据包。再次打开协调器，观察两个终端设备是否可以互发数据包。

(4) 重新启动所有设备，然后按下其中至少一个设备的 Left 键进行匹配描述符请求(自动查找)，观察实验现象。然后关闭协调器设备，观察两个终端设备是否可以互发数据包。再次打开协调器，观察两个终端设备是否可以互发数据包。

(5) 在不同距离范围进行本实验。

(6) 通过协议分析仪捕获并解码射频数据包。

实验八　SerialApp 实验

❖ 【实验目的】

1. 掌握模块之间无线传输的方法。
2. 掌握 IAR 编译环境的使用。

❖ 【实验设备】

实验设备	数量	备注
EMIOT-WGB-1 网关板	1	一个作为协调器设备，另一个作为终端设备
EMIOT-EMU-1 仿真器	1	下载和调试程序
Packet Sniffer	1	可选

❖ 【实验原理】

　　一个 PC 通过串口连接一个使用本应用实例的 Zigbee 设备来发送数据，另一个 PC 通过串口连接另外一个 Zigbee 设备来接收数据。串行数据传输被设计为双向全双工，无硬件流控，强制允许 OTA(多跳)时间和丢包重传。

❖ 【实验步骤】

　　(1) 打开 SerialApp 工程("...\Projects\zstack\Utilities\SerialApp\CC2430DB")。

　　(2) 选择 CoordinatorEB 工程配置，点击"Project"下拉菜单中的"Rebuild All"项来编译应用工程，编译完成后，下载应用工程到网关板。

　　(3) 选择 EndDeviceEB 工程配置，重复以上步骤下载应用工程到另一个网关板。

　　(4) 用两条 USB 电缆分别连接两个 CC2430EB 网关板到 PC 上。运行"串口调试助手 v2.2"软件，选择相应的串口，设置波特率为 38400，校验位为 None，数据位为 8，停止位为 1。

　　(5) 分别按下两个 CC2430EB 网关板上的 Right 键(时间差控制在 5 s 之内)进行绑定。成功绑定后，终端设备上的 LED2 将被点亮。

　　(6) 现在可以在 PC 上使用"串口调试助手 v2.2"软件互相发送数据了，如图 7-91 所示。

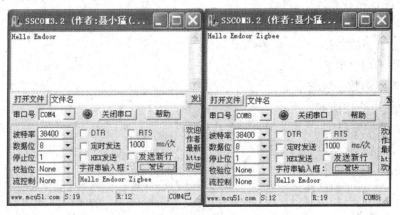

图 7-91　使用串口调试助手互相发送数据

❖ 【拓展实验】

　　(1) 以不同顺序给协调器设备和终端设备上电，观察现象。

（2）如果网络已经形成，并且设备都已加入网络，关闭协调器设备，观察是否对网络有影响。

（3）重新启动所有设备，然后按下其中至少一个设备的 Left 键进行匹配描述符请求(自动查找)，然后用"串口调试助手 v2.2"软件发送数据，观察实验现象。

（4）通过协议分析仪捕获并解码射频数据包。

实验九　　TransmitApp 实验

❖ 【实验目的】

1. 掌握无线传输数据速度测试。
2. 掌握 IAR 编译环境的使用。

❖ 【实验设备】

实验设备	数　量	备　　注
EMIOT-WGB-1 网关板	1	一个作为协调器设备，另一个作为终端设备
EMIOT-EMU-1 仿真器	1	下载和调试程序
Packet Sniffer	1	可选

❖ 【实验原理】

使用本实验应用工程的发送设备 A 尽可能快地发送一个数据包给接收设备 B。发送设备 A 在收到接收设备 B 对已收到数据的一个确认后将继续发送下一个数据包给接收设备 B，如此循环。

接收设备 B 将计算以下数值：

（1）最后一秒的字节数量；

（2）运行了多少秒；

（3）每秒平均字节数量；

（4）接收到的数据包的数量。

本实验使用的功能键如下：

Up 键：开始发送/停止发送切换开关；

Right 键：启动终端设备绑定；

Down 键：清零显示值；

Left 键：启动匹配描述符请求。

❖ 【实验步骤】

（1）打开 TransmitApp 工程("...\Projects\zstack\Utilities\Transmit\CC2430DB")。

（2）选择 CoordinatorEB 工程配置，点击"Project"下拉菜单中的"Rebuild All"项来编译应用工程，编译完成后，下载应用工程到网关板。

(3) 选择 RouterEB 工程配置，重复以上步骤下载应用工程到另一个网关板。

(4) 给协调器设备上电，它将启动一个 Zigbee 网络，之后它的 LED4 将被点亮。

(5) 给路由器设备上电，它将扫描并加入由协调器设备启动的那个网络，成功加入后，它的 LED4 将被点亮。

(6) 分别按下两个 EB 板上的 Right 键(时间差控制在 5 s 之内)进行绑定。成功绑定后，两个 CC2430EB 网关板上的 LED3 将被点亮。

(7) 按下路由器设备的 Up 键，路由器设备开始发送数据包给协调器设备。再次按下 Up 键将停止发送(Up 键是开始发送/停止发送的切换开关)，注意观察协调器设备和路由器设备上的液晶显示。

(8) 按下协调器设备的 Up 键，协调器设备开始发送数据给路由器设备。再次按下 SW1 将停止发送(SW1 是开始发送/停止发送的切换开关)，注意观察协调器设备和路由器设备上的液晶显示。

(9) 可以通过按下 Down 键清零这些显示数值。协调器 LCD 显示如图 7-92 所示。

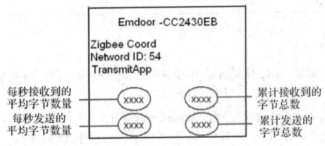

图 7-92　协调器 LCD 显示

路由器 LCD 显示如图 7-93 所示。

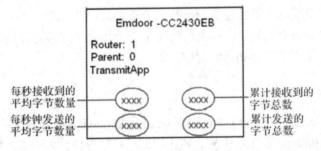

图 7-93　路由器 LCD 显示

❖ 【拓展实验】

(1) 以不同顺序给协调器设备和路由器设备上电，观察现象。

(2) 如果网络已经形成，并且设备都已加入网络，关闭协调器设备，观察是否对网络有影响。

(3) 重新启动所有设备，然后按下其中至少一个设备的 Left 键进行匹配描述符请求(自动查找)，然后进行实验的后续操作，观察实验现象。

(4) 在不同距离范围进行本实验。

(5) 通过协议分析仪捕获并解码射频数据包。

实验十　HomeAutomation 实验

❖ 【实验目的】

1. 掌握 CC2430 内部温度传感器和电池电压值检测。
2. 掌握 IAR 编译环境的使用。

❖ 【实验设备】

实验设备	数 量	备 注
EMIOT-WGB-1 网关板	3	一个作为协调器设备，另两个作为终端设备或路由器
EMIOT-EMU-1 仿真器	1	下载和调试程序
Packet Sniffer	1	可选

❖ 【实验原理】

　　本实验是一个家庭自动控制实验，主要完成模块间的绑定和实现两个模块之间的控制与被控制。实验首先要完成绑定功能，才能进行控制实验。

　　本实验分别由 SampleLight(灯)和 SampleSwitch(开关)两个工程组成。进行这个实验时需要把协调器和终端节点或路由器烧写两个不同工程的程序才能进行。

　　如果想要把主机烧写灯的程序用路由器或终端设备控制主机的灯，必须烧写开关的程序到路由器或终端设备。

　　想用一个终端节点的开关控制另一个终端节点的灯，只需两个终端节点分别烧写灯和开关两个不同程序就可以实验了，而主机只需是一个能建立网络的协调器就可以了，即可烧写灯工程或开关工程的 CoordinatorEB 配置。

❖ 【实验步骤】

　　(1) 打开 SampleSwitch 工程("...\Projects\zstack\HomeAutomation\SampleSwitch\CC2430DB")。

　　(2) 选择 CoordinatorEB 工程配置，点击 "Project" 下拉菜单中的 "Rebuild All" 项来编译应用工程，编译完成后，下载应用工程到网关板。

　　(3) 选择 EndDeviceEB 工程配置，重复以上步骤下载应用工程到另一个网关板。

　　(4) 打开 SampleLight 工程("...\Projects\zstack\HomeAutomation\SampleLight\CC2430DB")。

　　(5) 选择 EndDeviceEB 工程配置，点击 "Project" 下拉菜单中的 "Rebuild All" 项来编译应用工程，编译完成后，下载应用工程到第三个网关板。

　　(6) 给协调器设备上电，它将启动一个 Zigbee 网络，然后它的 LED4 将被点亮。

　　(7) 分别给开关设备(SampleSwitch)和灯设备(SampleLight)的终端设备上电，它们将扫描并加入由协调器设备启动的那个网络，成功加入后，它的 LED4 将被点亮。

　　(8) 分别按下两个 EB 板上的 Right 键(时间差控制在 5 s 之内)进行绑定，成功绑定后，开关设备所在的 CC2430EB 网关板上的 LED3 将被点亮。

(9) 按下开关设备上的 Up 键，灯设备上的 LED3 将被点亮或熄灭。

(10) 解除绑定(与绑定相同操作)。

(11) 自动匹配按下路由器/终端的 Left，发送自动匹配描述符命令。

参 考 文 献

[1]　王志亮，王宏，王新平. 物联网移动应用开发实训教程. 北京：机械工业出版社，2015.

[2]　李靖，兰飞. 物联网综合实训. 北京：机械工业出版社，2016.

[3]　王志亮，姚红串，霍磊，等. 物联网技术综合实训教程. 北京：机械工业出版社，2014.

[4]　华驰，高云. 物联网工程技术综合实训教程. 北京：化学工业出版社，2016.